做内心强大的自己

张馨文 ◎编著

中国纺织出版社有限公司

内 容 提 要

人生在世，总要遇到各种磨难，一帆风顺的人生是根本不存在的。那么，面对我们不喜欢的人和不顺心的事，如何做才能让自己淡定从容呢？那就是让自己的内心变得强大。

本书从心理学角度出发，帮助人们分析生活中各种艰难的境遇和形形色色的磨难，并且告诉人们只有成为内心强大的自己，才能主宰人生，把控命运。

图书在版编目（CIP）数据

做内心强大的自己／张馨文编著.--北京：中国纺织出版社有限公司，2023.5
ISBN 978-7-5180-8942-0

Ⅰ.①做… Ⅱ.①张… Ⅲ.①心理学-通俗读物
Ⅳ.①B84-49

中国版本图书馆CIP数据核字（2021）第202385号

责任编辑：江 飞　　责任校对：高 涵　　责任印制：储志伟

中国纺织出版社出版有限公司发行
地址：北京市朝阳区百子湾东里A407号楼　邮政编码：100124
销售电话：010—67004422　传真：010—87155801
http://www.c-textilep.com
E-mail:faxing@c-textilep.com
中国纺织出版社天猫旗舰店
官方微博http://weibo.com/2119887771
三河市延风印装有限公司印刷　各地新华书店经销
2023年5月第1版第1次印刷
开本：880×1230　1/32　印张：7.5
字数：144千字　定价：49.80元

凡购本书，如有缺页、倒页、脱页，由本社图书营销中心调换

前言
PREFACE

顾城说，人生可如蚁而美如神。可见，人生是残酷的，人生也是美妙的；人生是脆弱的，人生也是坚强的。每个人活在这个世界上，总不可能真正做到顺心如意、一帆风顺。人生总是会遭受各种各样的磨难，尤其是在琐碎的生活和竞争激烈的职场上，我们更是会遭遇形形色色的磨难。唯有坦然面对这一切，我们才能更好地行走人生，也才能在人生的旅途中欣赏更多的美景，感受更多的幸福和快乐。

毋庸置疑，在茫茫的宇宙中，人是弱小的。有的时候人自以为强大，却不知道自己和蚂蚁一样卑微，穷尽一生都在辽阔的大地上奔波忙碌，甚至连片刻的休息时间都没有，因而饱受生活的折磨，无法摆脱。面对这样无奈的命运，很多人任由命运摆布，绝不反抗，最后把一生都活得像蚂蚁一样庸庸碌碌。有的人呢，天生就很倔强，从不愿意屈服于任何人或者任何事情，因而他们竭尽全力改变自己的命运，活出了属于自己的精彩。虽然他们也在大地上忙碌操劳，但是他们有自己的喜怒哀乐，有自己的人生目标和追求，所以他们活得尽管卑微，却绝不卑贱，尽管平凡，却绝不平庸。

在这个世界上，绝没有两片完全相同的树叶，也绝没有两个一模一样的人。哪怕是长得一模一样的同卵双胞胎，他们也总是脾气性格迥异。人是群居动物，却又如此孑然于世，这显然很矛盾，却又完全符合生命的本义。命运原本不就是安排每个人都活出属于自己的精彩吗？如果人人的生活都一样，每个人的人生都如同他人的翻版，那还有什么意思呢？正因为如此，我们在人生之中难免会遭遇很多的坎坷和磨难，甚至还会遇到一些不招我们喜欢或者对我们居心叵测的人。每当这时，我们该怎么办呢？一味地逃避吗？哪怕天大地大，也经不起我们长年累月的逃避，毕竟现在的地球已经变成了地球村，除了逃到外星球去，还能逃到哪里呢？

明智的人知道逃无可逃，因而他们选择再也不逃。他们很清楚，每个人注定要承受生之苦，与其一味逃避，不如让自己变得内心更强大，勇敢面对，只有超越磨难，才是战胜和解决磨难的最佳方式。所以他们一边渴望着幸福美好的人生，一边努力地在人生道路上战胜那些磨难，超越看似不可逾越的绝境，也消除心中的愤愤不平、郁郁寡欢等负面情绪。他们知道自己之所以能够成为现在的样子，恰恰要感谢那些折磨他们的人。任何事情之间都是有因果关系的，只有我们不抱怨，我们的人生才能淡然从容；只有我们对折磨我们的人心怀感激，我们的心中才能天地开阔。就像有人说的，这个世界上没有永远的敌人，只有永远的利益。我们也可以认为，这个世界上没有永远的对手，只有永远的合作伙伴。当我们不再把其他的个体当成潜在的威胁，而是敞开心扉接纳他们，感激他们，我们也就释放了自己的心灵，把自己从心之牢笼中解救了出来。很多时候，那些折磨你的人，恰恰是你人生路上的贵人，他们是度你的人，也是成就你的人。

朋友们，从现在开始让自己变得内心强大，把控自己的命运吧。

编著者

2021 年 10 月

目　录
CONTENTS

第 01 章

苦难如苦口良药，
使你愈磨炼愈强大

　　每个人的一生之中，不可能绝无苦难。苦难就像是人生的一道风景，而且不可或缺。没有苦难的人生，注定是苍白无力的，唯有经历过苦难的洗礼，人生才能变得更加充实从容，才能变得风生水起。

苦难，带给人生成长

现实生活中，很多人都排斥苦难，殊不知苦难并非是人生的畸变，而是人生之中理所当然的存在。所以，每个人的人生都不可能摆脱苦难。有人说人生是在错误的过程中不断成长起来的，我们要说，人生也是在苦难之中汲取营养，渐渐变得坚定的。对于弱者而言，苦难是扼杀生机的魔鬼；对于强者而言，苦难却能够激发生机，也能够磨炼意志。如果一个人真的战胜苦难，他的人生必然更加从容淡定，而他也会变得更充实、勇敢和坚定。

从某种意义上来说，苦难是一把双刃剑，会让弱者彻底毁灭，也会让强者在命运的风起云涌中腾飞。因而，真正的人生强者，往往拥有可贵的品质，能够最大限度地让自己强大起来。所以，朋友们，在苦难面前不要抱怨，不要怨天尤人，而是要更加强大，从而增强自己内心的力量。

很久以前，有个人特别倒霉。他从小命运多舛，好不容易长大成人能够自己养活自己，虽然做过木匠、泥瓦工，也捡过破烂，但是生活却丝毫没有起色。后来，他好不容易遇到爱情，却因为被欺骗，导致身陷官司。为此，他在各大城市之间流浪，命运多舛，居无定所。直到年纪都很大了，他看起来依然像是个农民，生活艰难。不过，虽然他表面上看起来像是个生活毫无保障的农民，但是他的心里却有着与众不同的追求。他很热爱文学，下笔轻灵，因而他写出来的诗歌非常清澈干净，就像是万里无云的天空一样让人情不自禁地感到心动。

有的朋友问他："你在生活中遭遇过那么多苦难，为何你的诗作却那么轻灵呢？有的时候，我简直怀疑这样绝美的诗歌是正在经历初恋的人写出来的。"他笑了："那么，我的诗歌应该是怎样的呢？"朋友说："至少要显得沉重一些吧，色彩也不应该这么明丽。"他笑了，说："我是个地地道道的农民，我的父母也是农民，所以我从小就在农村长大。你知道，以前农村很穷，根本没有多余的钱买化肥，就只能自己沤肥。每次遇到有人挑着粪便送到地里，我都会被臭气熏得不想呼吸。然而，我那个时候就发现，虽然粪便很臭，但是却能够让庄稼长得更结实、强壮。对于我的人生而言，那些苦难和磨难，也是粪便，也是人生难得的肥料。尽管经历的时候觉得很艰难，但是其实它们对于人生是有好处的。当我弄明白粪便和庄稼的关系后，我也就彻底意识到困难和人生的关系。假如我们排斥苦难，那么苦难就会像粪坑里的粪便一样，非常臭。但是假如我们能够发自内心地接受苦难，那么苦难就会转化为对人生有益的肥料，让我们的人生更加茁壮成长。"

的确，土地能够改变粪便，人生也能够改变苦难。如果不想让苦难继续伤害我们的人生，那么我们就要调整自己的心态，让我们的心灵成功扭转苦难。在此过程中，每一次苦难都会成为我们人生中最有力量的养分，促使我们不断成长。苦难是把双刃剑，既能伤害我们，也能帮助我们。古今中外，有很多伟大的人物都曾经饱经苦难，如伟大的音乐家贝多芬、世界小提琴家帕格尼尼等。

对于任何人而言，要想把苦难从灾难变成人生的礼物和财富，就要让自己变得更加坚强，勇敢迎接和面对困难，从而成功转化苦难。人们常说，苦难像弹簧，你强它就弱，你弱它就强。那么，不如让我们都强大起来，成功战胜苦难吧！

你的态度起到决定性作用

任何时候，你的态度都起到决定性作用，能够改变你的命运，也能够改变你的人生。所以不要纠结于你身上发生了什么，而要更多地思考自己应该如何面对命运赐予的一切，从而战胜命运的磨难，成就自我。

普通人很难想象：一个人在46岁的时候，因为意外事故导致全身大面积重度烧伤，而在好不容易勉强恢复后，又于4年后在一次坠机事件中导致腰部截瘫。如此糟糕的人生，到底要如何面对呢？更让人惊讶的是，他没有因此对生活绝望，而是成为了百万富翁，而且还四处为人们发表演说，更成功地迎娶了自己心爱的女孩，还成功创办了企业！而且，他也没有因为身体的局限失去任何生活的乐趣，他经常划船，或者跳伞。最终，他的顽强不屈，还让他在政坛上为自己赢得了一席之地！他，就是米契尔，他创造了人生的奇迹，甚至以严重残疾的身体做出了健全人都无法实现的成就。在经历了两次意外事故后，他的身体状况变得非常糟糕，只能坐在轮椅上度过余生，然而，他从未放弃生的希望。被烧伤后，他进行了16次手术，才把脸变成"调色板"。4年后意外坠机，更是使他失去了自主活动的能力。当然，米契尔也曾经感到迷惘，甚至不知道如何面对残酷的命运。但是，他始终不屈不挠。后来，他居然成为镇长，还参加了国会议员的竞选，总而言之，很多健全人都做不到的事情，他都做到了。不得不说，米契尔以切身经历告诉我们，态度决定人生。

我们每个人都要记住，人生之中最重要的不是关注到底发生了什么，而是关注如何面对这一切。对于每个人而言，人生之路都不可能是一帆风顺的，我们唯有把目光集中在一切事情上，才能更好地面对和解决问题。人们常说，失败是成功之母。虽然如此，还是有很多人被拍死在失败的沙滩上；而只有少数人能够战胜失败，踩着失败的阶梯不断前进，最终获得成功，他们全都是积极乐观、主动的人。

面对人生的各种失败和不如意，甚至是挫折和磨难，我们最重要的就是积极面对，正视，而不逃避。很多时候，尽管个体无法改变客观外界的生存环境，但是每个人都是自己的主人。唯有主宰自己的命运，人们才能不向命运屈服。屈原被放逐之后创作了《离骚》，司马迁遭受残忍的宫刑最终创作了《史记》，这都是因为他们的意志力很强，才能胜不骄、败不馁，也才能从容迎来人生的新境界。

人生路上，假如我们每次遭遇失败都沮丧绝望，甚至恨不得回避一切问题，那么我们的人生注定将会止步不前。反之，假如我们每次失败时都能鼓起勇气，把失败当成成功的阶梯，积极地从失败之中总结经验和教训，督促自己不断进步，那么我们就可以从失败中获得进步，也能够在失败之后有所领悟，从而使自己距离成功越来越近。

尤其是现代社会，生活压力越来越大，职场上的竞争也日益激烈。我们要想真正获得成功，就要从失败中跳脱出来，置身事外，清醒地认识失败对于我们成长的意义，这样才能在经历坎坷和挫折之后，超越自我、实现自我。

可以说，失败就像一块试金石，很容易就能验证出我们是人生的强者还是弱者。所以，朋友们，从现在开始，面对失败，不要再抱怨了，与其花费宝贵的时间抱怨失败，不如更加积极努力地发现问题，及时改进和提升自我，也帮助自己更加合理圆满地解决问题。这样，我们才能端正人生态度，积极行走人生，也让自己拥有更美好的未来。

人生历经苦难，变得更厚重

一个人如果从未吃过苦，他就不会知道什么是甜；一个人如果从未受过累，他就不会知道什么是享福。一个人唯有经历过苦难，从苦难的学校里毕业，才能更加用心、投入地享受生活。所以人生总不能过于安逸，否则就会因为各种各样的安逸，变得不知道生活的美好，乃至禁锢自身的发展。苦难是一所学校，每个人经历苦难的洗礼后，都会变得无所畏惧。一个人只有不畏艰难，才能获得更大的成功，拥有更加美好的人生。

如果我们想要真正拥有人生，并活出属于自己的风采，那么我们就要接受人生的磨砺，从而让自己变得更加强大从容。就像每一天太阳都会东升西落一样，苦难也理所当然地与我们的人生如影随形。对于苦难，如果我们总是排斥和抗拒，那么我们的人生一定会更加紧张局促。如果我们能够从容接受，坦然面对，那么苦难带给我们的负面影响就会降低和减弱，我们的人生也会更加从容不迫。

很久以前，亨特曾经是一家钢铁公司的员工。遗憾的是，在人生之中，我们永远不知道意外何时会到来。有一次，亨特正在工作，突然发生机器故障，导致他的右眼失明，医生不得不摘除了他的右眼球。从此之后，原本乐观开朗的亨特变得沉默寡言，对于人生也失去了希望。他出院之后就一直待在家里，因为他不知道如果别人看到他的眼睛将会怎样地嘲笑他。看到亨特的样子，妻子玛丽忧心忡忡。她并不是担心亨特会失去经济来源，她只是想看到亨特和以前一样开心。为此，玛丽主动承担起养家糊口的重任，她在正常工作之余还在晚上兼职了一份工作，因为她不想让亨特为钱感到烦恼。与此同时，玛丽也相信，随着时间的流逝，亨特的情况一定会越来越好的。

然而，事情并没有朝着好的方向发展，很快，亨特左眼的视力也开始急速减弱。一个周末的清晨，儿子正在院子里踢球，亨特却问："谁在那里？"玛丽知道，亨特很快就会彻底失明。想到这里，玛丽不由得悲从中来，流下泪来。然而，当亨特知道自己即将失明时，反而变得镇静，不再焦躁不安了。玛丽每天把自己打扮得漂漂亮亮，因为她想让丈夫记住自己最美丽的样子。为了让亨特心中留住一个焕然一新的家，玛丽还专程请来油漆工，把他们的家粉刷一新。油漆工干活很认真，足足用了一周的时间，才粉刷完整个家。得知玛丽的心愿，油漆工说："很抱歉，我粉刷得太慢了。"亨特说："没关系，每天听着你边哼歌边工作，我的心情也跟着好起来了。"

结算工钱的时候，油漆工坚持少要 100 块钱，亨特却说："从你身上，我知道了原来残疾人也可以这样自力更生，谢谢你。"亨特坚持多给油漆工 100 块钱，因为他从只有一只手的油漆工身上学到了很多。

就算是失明的人，心中也可以有希望和憧憬；就算是有只有一只手的残疾人，也可以依靠自身的努力自力更生，有尊严地活着。常言道，哀莫大于心死，任何时候，哪怕我们饱经生活的磨难，只要我们有着更加积极乐观向上的心，我们仍旧可以扬起生活的风帆，奋勇向前。在苦难这所学校中，只要毕业了，我们就能成为人生的强者，无论何时生命都会在历经风雨之后绽放出七彩的虹。

人生的道路很漫长，每个人在人生之路上都会欣赏到美丽的鲜花，同时也会被荆棘刺伤双脚。不管是面对学业的失意，还是面对疾病的折磨，亦或者是面对亲人的生老病死，我们从踏上人生征途的那一刻开始，就应该接受命运的坎坷和磨难，这样才能够坦然地面对生命，让生命绽放出美丽的华彩。

战胜苦难，才能超越人生

一个人如果被苦难打败，那么他人生的路必然越走越窄，因为他无法拓宽人生的道路，从而让自己奔向康庄大道。当然，不可否认的是，对于任何人而言，苦难都是非常残酷的。但是，苦难却并非不可战胜的。面对苦难，如果我们当下退缩了，那么未来我们依然会束手无策。相反，只要我们鼓起勇气战胜苦难，就能成功地超越人生，让我们的人生更加从容不迫，也能让苦难的土壤开出绚烂的花朵。

对于人生而言，真正的强者，必然是能够利用苦难来磨炼自己的人。和一帆风顺的人生境遇相比，只要我们足够坚强，也能勇敢面对，那么苦难将会赋予我们更多的理解和启发。所谓苦难，实际上就是人生中的各种不幸。我们难道能够逃脱命运的安排，从而做到不管何时都身处顺境，而摆脱逆境吗？当然不能，因为每个人对于命运都没有权利作出选择。假如我们也能像迎接人生的顺境一样心境从容地面对各种苦难和磨难，那么我们的人生一定会更加从容，得到更多奋进的机会。

对于博尔而言，人生其实没有什么意义。他从小就身患残疾，长大之后因为经济方面陷入困顿，简直没有了活路。所以博尔很消沉，根本不愿意继续努力地活着。有一天，博尔专程去拜访了牧师。此时此刻，牧师因为突发脑溢血，变得半身不遂，而且语言表达能力也基本丧失。尽管医生已经断定牧师在未来的人生中都将如此，但是牧师却凭借着自己顽强的毅力，渐渐战胜了残酷的命运。就在医生宣判他一辈子都要这样之后没多久，牧师居然学会了说话，而且能够勉强站起来走动了。这不得不说是个奇迹。为此，博尔想找到牧师，忏悔自己的心灵，获得彻底的解脱。

听完博尔的讲述之后，牧师深有感触地说："的确，你的命运简直太悲惨了，所以你才会变得这么沮丧绝望，你只想从声声叹息中找到一丝丝安慰。但是，你其实可以努力抛开痛苦，让自己变得快乐起来。要知道，有些人可以点燃悲哀，让生命在痛苦中涅槃，从而获得更加伟大的新生力量。"说完，牧师指向窗外，对博尔说："看看这些树木。在还是小树苗时，它们被种下，也被这些铁丝捆绑。十几年过去了，它们之中有些因为铁丝的束缚枯死了，而有些却依然能够长成参天大树。就像这棵，看看吧，你简直难以想象，它以顽强勃发的生命力，挣脱了铁丝的束缚。"牧师告诉博尔，他曾经无数次看着这些树，思考活着的意义，思考如何对待苦难才能让人生变得与众不同。最终，牧师告诉博尔："不要与苦难对抗，而要将其作为你生命中理所当然应该存在的一部分，这样你才能真正战胜苦难，借助苦难让自己变得强大起来。"

前文就曾经说过，苦难是一把双刃剑，既可以帮助人们变得强大，也有可能使人们变得胆小怯懦，最终自我毁灭。而在苦难面前采取怎样的态度，完全在于我们的内心。若我们的内心足够强大，我们就能踩着苦难的阶梯不断攀升；若我们的内心虚弱无比，苦难就会将我们打倒，使我们根本无法成功挣脱它的束缚。

任何时候，我们都应该让自己的心思变得更加灵活。尤其是在遭遇挫折的时候，我们更要想方设法地让自己保持精神上的强大，从而把苦难带来的阴霾和伤害从我们心中驱散，让我们的生命更加丰盈厚重。

苦难，还有另一道门可以打开

生活中，有很多人已经习惯了抱怨生活。他们总是说自己不知道如何面对生活，尤其是不知道如何处理好生活中的各种苦难，殊不知，他们只是不知道苦难还有另一扇门可以打开。中国古代，塞翁失马，尚且知道福祸相依；在西方国家，很多辩证唯物主义学家更是提出，可以从两个方面看待同一个问题。对待苦难亦是如此，我们唯有打开苦难的另一道门，才能更好地面对苦难，并解决人生中面对的诸多难题。

在德国，一位名叫班纳德的老人一生命运多舛，而且特别倒霉。然而，如今他已经 50 岁了，却还健康而又快乐地活着。看到他乐观开朗的样子，很难想象他在来到世界的 50 年时间里，曾经 200 多次被苦难折磨。为此，他成为世界上最倒霉的人；也为此，他成为世界上最坚强的人。

14 个月的时候，班纳德把后背摔伤了。后来，他不小心摔下楼梯，导致一只脚落下了终身残疾。再后来，他爬树的时候不小心掉下来，导致四肢着地，四肢全部受伤。有一次他正在骑车，突然遭遇横风，被吹了个人仰马翻，膝盖也受到严重的伤害。13 岁那年，他掉入下水道差点儿淹死。还有一次，他被失控的汽车把头撞了个血洞，血流不止。有一次，他被垃圾车的垃圾掩埋。还有一次，他正在理发店好端端地理发，一辆汽车撞破理发店的墙，直直地朝着他冲过来……尽管这些事情听上去匪夷所思，但是真的都发生在他身上，简直让听到的人都啼笑皆非、哭笑不得。有一年，是他人生之中最倒霉的一年，他居然遭受 17 次厄运，几次危在旦夕。这样一个命运多舛而且极其倒霉的人，到底是什么才使他始终保持坚定自信，迄今为止依然顽强不屈地活着呢？毫无疑问，是他心底里顽强不屈的精神，是他面对挫折和苦难始终积极奋发的斗志。

对于轻易缴械投降的弱者而言，苦难当然是一次致命的打击，甚至会改变人一生的命运轨迹。但是对于真正的强者而言，苦难又会变成人生之中不可多得的财富，强者既可以从苦难之中汲取生命的力量，总结人生的经验，也可以从苦难之中让自己不断成熟，奋发向上。所以，我们必须更加勇敢地面对苦难，这样才能获得美好的人生。

世界上的事情从来没有既定的发展轨迹，既然万事万物都处于不断的发展和变化之中，那么我们正在经历的事情也有可能朝着其他的方向发展。在这种情况下，我们与其对人生几多憧憬，不如怀着希望和勇气，面对人生之中的一切苦难。唯有如此，我们才能熬过艰难的时刻，超越苦难，从而让自己的人生变得更加理想和丰满。古往今来，大凡伟大的人物大多都饱经苦难，所谓"天将降大任于斯人也，必先苦其心志，劳其筋骨，饿其体肤，空乏其身，行拂乱其所为，所以动心忍性，增益其所不能"。因而面对逆境，我们更要有坚忍不拔的意志力，才能冲破逆境，成就人生。

战胜苦难，才能超越人生

对于弱者而言，苦难就像是无底深渊，一旦掉进去，就再也无法出来；对于强者而言，苦难就像是人生攀登和进阶的垫脚石，踩着苦难的阶梯，他们会取得更大的进步。所以说，苦难其实并不能从本质上改变我们的人生，真正影响我们人生轨迹的是我们对待苦难的态度。

美国前总统克林顿，就是个饱受生活苦难的人。他之所以能当选美国总统，并非因为他有过人的家世，也不是因为他是一个伟大的天才，而是因为他从小就受到生活的苦难，因而养成了他勤奋刻苦的习惯。

克林顿的童年非常悲惨。他还在妈妈肚子里的时候，他的父亲就在一次车祸中失去了生命，他的母亲独自一个人根本无法负担起抚养孩子的重任，因而把嗷嗷待哺的克林顿寄养在自己父母的家中。这段时期，小克林顿因为有外公外婆的疼爱，还有舅舅的言传身教，养成了坚毅的品质和个性，而且像个男子汉一样敢作敢当。在克林顿 7 岁的时候，妈妈找到了人生的归宿，再嫁了。考虑到父母年纪越来越大，她把克林顿接到自己的新家生活。就这样，克林顿和妈妈及继父一起搬到温泉城生活。然而，继父是个酒鬼，动辄就会喝醉酒打骂克林顿和妈妈。正是在这种寄人篱下的生活中，克林顿渐渐养成了努力表现自己的性格。

中学时期，克林顿在学校里非常活跃，不但与同学们搞好关系，而且对于班级以及学校的各项活动都非常积极。他还表现出超强的组织能力，简直就是活跃着的社交明星。在读中学期间，他还参加了学校里的合唱团，成为首席吹奏手。1963年夏天，因为表现突出，他在一次学校组织的模拟竞选中被评为参议员，得到机会去参观首都华盛顿，由此真正认识了"政治"。在去白宫进行参观时，他更是有幸见到了肯尼迪总统，而且与肯尼迪总统握手留影。这一切在克林顿稚嫩的心灵中留下了深刻的印象，为他未来从政奠定了基础。也可以说，这次华盛顿的参观彻底改变了克林顿的人生，使他从立志成为音乐家、牧师、记者等，改为立志成为肯尼迪第二。在人生此后的三十年中，他都目标明确，并竭尽全力实现了自己的人生目标。

人生是要有目标的。没有目标指引的人生，就会变得毫无头绪。只有在目标的指引下，我们才能超越苦难，距离自己的梦想越来越近。如果把人生比喻成大海，那么目标就是我们的引航灯，也是岸边的灯塔，始终指引着我们找到通往人生目的地的道路。与此同时，海上的惊涛骇浪、狂风大作，都无法使我们的人生偏离航道。如果没有目标的指引，那么我们就会很容易忘却初心，也会在一次又一次的磨难中渐渐失去坚持的毅力和勇气。

毫无疑问，每个人对于人生都有自己的期望，然而生活不如意十之八九，哪怕我们期望自己的人生一帆风顺，也依然无法成功摆脱厄运。所以，与其排斥和抗拒人生中的诸多苦难，不如坦然面对和接受这些苦难，把它们当成如同生命中的阳光雨露一样合理的存在，相信这样的态度会有助于我们消化苦难，也会有助于我们走好属于自己的人生之路。

黎明前的黑暗，带来光明

很多人都曾经有过看日出的经历，所以能够切身体会丝丝缕缕的光线穿破天幕，投射在大地上的情形。其实，经历过漫漫长夜的人都会知道，最黑暗的时刻并非是漆黑的夜里，而是在黎明到来之前。正因为黎明马上就会到来，所以夜幕会显得更加深沉。因此，如今人们常常用黎明前的黑暗来形容在即将完成某件伟大的事情或者艰巨的任务之前不得不承担起沉重的压力，坚持到最后才能取得胜利。

在抗日战争中，越是到了抗战即将胜利的时候，日本侵略者的反扑也更加歇斯底里、无所顾忌。所以，无数的抗战英雄为此付出了自己宝贵的生命来捍卫革命的成果。如果没有他们的坚持和牺牲，就不可能有我们今天的幸福生活。

实际上，黎明前的黑暗不仅表现在日出之前，也不仅只有革命斗争中才有。很多时候，在现实生活中，也是存在黎明前的黑暗的。在这种情况下，我们更要坚持不懈，坚持笑到最后，迎来完满的结果。

黑暗是需要打破的。如果不打破黑暗，它就会一直蔓延，笼罩我们的人生。所以，面对人生的失意和黑暗，我们必须更加努力。很多人面对无望的命运，总是采取被动的态度等待，或者是什么也不做，非常消极。殊不知，好运不会从天而降，我们的人生更不会平白无故地好转起来。任何时候，我们唯有更坚强，更加努力上进，才能最大限度地圆满我们的人生，使得我们的人生更从容，更加充满希望。

　　面对人生的重重磨难，只有一时的勇气还远远不够，我们更要有韧性，哪怕在人生接踵而至的打击下，也要始终不离不弃，坚持不懈。美国前总统林肯曾经参加过十几次竞选，但是每次都以失败而告终。除了其中有一次竞选成为州议员，和最后一次成功当选总统外，他被拒绝的次数使知道的人都感到心灰意冷。除了在竞选上屡遭失败之外，林肯在生活和感情方面也曾经遭遇过不幸。但是这一切都没有打败他，他始终坚持着。就算是在未婚妻去世之后患病在床，他最终也还是坚强地站了起来，从而把握了自己的命运。

　　所以，朋友们，我们都要向林肯学习，成为那个笑到最后、从不放弃命运的人生强者。

第 02 章

感谢苦难的磋磨，
让你有了变强大的机会

生命之中，我们总会遇到一些不如意的事情，甚至还会遇到一些折磨我们的人。对于人生之中的诸多不如意，如果我们坚强勇敢地走过，那么生命从此就会变得与众不同。然而，对于那些曾经折磨过我们的人，我们又要怎么做，才能抓住机会改变自己的人生呢？其实，我们应该感谢那些折磨我们的人，因为正是有了他们的存在，我们才有机会改变人生，才能拥有与众不同的人生。

换个角度，生命截然不同

生活中，有很多人多抱怨日子太难了，难的只有苦涩的味道，而没有甘甜和鲜美；日子过得让人丝毫感受不到安慰，只能一次又一次地说服自己要坚持。实际上，这样的境遇并非是因为生活的状态真的太差，而是取决于我们对待生活的态度。有的时候，我们觉得生活不够好，只是因为看待生活的角度不对。假如我们能够换个角度看待生命，生命就会截然不同。而在此过程中，我们也有可能找到生命的契机，从而使自己的人生变得柳暗花明又一村。

有人以下棋来比喻人生，说人生不管何时开始都不算晚。哪怕人生已经进行到一半，我们只要经营好剩下的棋步，就能够挽回前半盘的棋。更有精于下棋的人说，哪怕到了最后一步，只要抓住契机，也有可能反败为胜。如此说来，棋盘的魅力就在于变幻莫测，而人生的魅力也就在于未知。现代社会，生活节奏越来越快，工作压力越来越大，大多数人都生活得很辛苦，因此很多人都怨声载道。此时，我们不如扪心自问：我们是否已经努力地改变视角，重新考察生活？我们是否已经竭尽全力，努力过好生活中的每一天？如果答案是否定的，那么不要抱怨了，而应反思自身，看是不是我们看待生活的角度和对待生活的态度出了问题，所以一切才会如此别扭？

1941 年，在美国洛杉矶，有一群人直到深夜还在摄影棚里忙着拍摄工作。原来，这是一个电影的拍摄基地。然而，刚开始拍了几分钟，导演就再次大喊大叫起来，甚至有些愤怒。他手舞足蹈地对摄影师喊道："我需要大仰角，大仰角，你知道我的意思吗？"摄影师有些无奈，演员也情绪波动，因为迄今为止这个镜头已经反反复复拍了十几次了，所有人都累得人仰马翻，根本不想知道年轻的导演到底需要什么样的效果，而只想马上得到休息。在导演一次又一次地"叫停"声中，他们筋疲力尽、疲惫不堪。正当导演继续喊着"大仰角"时，已经扛着摄像机紧贴地板趴着的摄影师再也按捺不住了。对着这个还是黄毛小子的导演，摄影师站起来喊道："我已经趴到地板上了，难道你看不见吗？"这时，同样累得不想再来一遍的工作人员们全都停下工作，带着嘲讽的意味看着导演。

年轻的导演一语不发，只是盯着摄影师看，然后突然走到工具箱中找出一把斧头，三步并作两步地走向摄影师。在场的人全都紧张万分，不知道这个黄口小儿到底会做出怎样冲动的事情。正当大家全都紧张地看着导演时，只见导演举起斧头，朝着摄影师刚才趴着的地板狠狠地砍着。很快，导演就把地板凿出了一个巨大的窟窿。导演面色平静地告诉摄影师："现在，站到洞里，继续拍摄。"摄影师不由得对导演的独具匠心感到钦佩，因而顺从地站到地板上的大窟窿里，努力压低镜头，居然拍出了一个前无古人的大仰角。这个镜头是伟大的，让年轻的导演——奥逊·威尔斯拍摄出了美国历史上最伟大的影片之一——《公民凯恩》。

正是凭借着大仰拍等摄影技术，这部电影迄今为止依然作为美国电影学院的教学影片供学生们学习。

在奥逊·威尔斯之前，从未有导演能够想出砸烂地板，以便让摄影师拍出一个符合自己要求的大仰角的方式。正是因为角度的不同，电影的特质也完全不同。其实，人生又何尝不是如此呢？很多时候，我们思维僵化，看任何事情的角度都没有变化，这也导致我们解决问题时毫无新意。假如我们也能勇敢地拿起"斧头"打破心中的禁锢和限制，相信我们也一定能从人生中看到与众不同的情形。

朋友们，从现在开始，让我们改变人生的视角，发现并拥有不一样的人生吧！

敌人，恰恰是激励你前进的力量

现代社会，人际关系被提升到前所未有的高度，越来越多的人要想融入生活之中，融入职场之中，这就要求人们必须学会与他人相处，搞好与他人之间的关系，从而从他人身上汲取力量，借鉴经验，让自己不断进步。然而，人生是很漫长的，而且这个世界上绝没有两片完全相同的树叶，也绝没有两个完全相同的人，所谓千人千性，我们面对不同的人就像面对千面夏娃一样困惑：到底如何和这么多的人都相处好呢？尤其是当遇到我们不喜欢的人，或者是与我们的对手以及敌人打交道时？

毫无疑问，每个人都喜欢自己的身边簇拥着朋友，也希望自己只需要和朋友打交道，和爱自己的人相处，且可以离那些对我们居心叵测或者想要与我们一决高下的人远远的。遗憾的是，我们做不到，因为人是群居动物，而我们恰恰是群居的一员。从这个角度而言，每个人都会在人生的历程中遇到自己不喜欢的人，也会遇到对手或者敌人。对于无法避开他们这一现实，聪明的人总是能够沉着冷静，而不会歇斯底里。要知道，歇斯底里永远都是减弱自身力量的方式，也会对我们的人生造成严重的甚至是恶劣的影响。所以明智者从来不会对敌人暴怒，相反他们会借助敌人激励自己增强实力，提升和完善自己。我们的敌人越强，我们要想与之抗衡，也就意味着我们越是要充实自己，让自己变得更加坚强勇敢。

一直以来，莉莉都因为自己不如露西优秀而耿耿于怀。每次当爸爸妈妈说："莉莉，你看露西……"莉莉都会感到很难过。她不知道为何自己在爸爸妈妈心目中永远没有露西好。甚至有段时间，莉莉特别忌妒露西，恨不得爸爸妈妈只生了自己这一个女儿。

这段时间，学校里正在准备举行一场歌唱比赛。莉莉和露西都在全力以赴地准备歌曲，但是露西不管怎么唱，都觉得自己的声音不够优美。其实，这只是和莉莉相比，因为老师甚至断言莉莉和露西必然是第一名和第二名，还说她们的声音都像天籁之音一样美妙。然而，露西可不想屈居于莉莉之后，毕竟她一直是爸妈口中那个"更好的孩子"。有一天晚上，她在莉莉睡着后撤走莉莉的被子，导致莉莉身患重感冒，嗓音也变得沙哑。得知真相后，妈妈觉得很伤心，问露西："露西，为何你不想办法让自己唱得更好，从而公平地和莉莉竞争呢？要知道，你现在的做法是很糟糕的。如果你愿意，妈妈可以给你聘请声乐老师，专门给你上几节课，这样你就可以得到很大的提升，你愿意吗？"露西意识到自己的错误，因而非常懊悔，说："好的，妈妈。我的确应该让自己强大起来，而不是故意伤害莉莉。"最终，莉莉和露西成为并列第一，赢得了歌唱比赛的冠军。

在露西的心里，因为争强好胜，她甚至把莉莉当成她的对手和敌人。然而，依靠降低对方能力的方式来获胜，显然是不明智的。不管我们的对手和敌人是谁，我们唯有更好地提升和完善自我，才能真正战胜他人。尤其需要注意的是，我们要战胜心中的妒忌，这样我们才能挣脱内心束缚我们的诸多负面情绪，更好地拥抱人生中的各种机遇。

在现实生活中，有善意的对手，也有恶意的敌人。不管我们面对的是谁，我们都要努力提升自己，从而让自己与他人实力相当。唯有如此，我们才能与他人展开博弈，获得成功。所以，朋友们，请感谢那些折磨我们的敌人吧，因为正是他们激励我们不断前进，也让我们变得更有力量，更加强大。

世上无难事，只怕有心人

现实生活中，有很多人面对人生的各种苦难和坎坷，总是能够积极主动地战胜苦难，而绝不逃避畏缩。但是也有很多人缺乏自信，不管遇到什么问题，第一时间想到的就是逃避，他们在还没有开始做一些事情之前，就告诉自己"不可能"。试想，如果怀着这样的心态，又怎么可能如我们所愿地做好每一件事情呢！所以并非事情真的不可能做到，而是因为我们先入为主、存在偏见，所以才导致我们不管做什么事情都失败，也不管做什么事情都变得真的"不可能"。

当我们端正态度，努力相信一切事情都有可能实现时，那么这个世界上就再也不会存在"不可能"。曾经，人们觉得螃蟹不能吃，但是在第一个人吃了螃蟹安全无虞之后，吃螃蟹的人就越来越多，而且有很多人都把螃蟹作为鲜美可口的佳肴食用。曾经，有人觉得食用番茄会使人中毒，在第一个人吃了番茄之后，番茄被称为爱情果，而且成为人们餐桌上的美味。所以世界上的事情并非不可能，而是我们心中的胆怯禁锢了我们。为了帮助自己战胜不可能，拿破仑·希尔在为自己买下字典之后，马上就会把字典里的"不可能"这个词剪掉，从此之后他的字典里再也没有"不可能"，他的人生也变得勇往直前。正是因为有这样的人生态度和坚定信念，他后来才成为成功学大师，把很多成功的经验与诀窍传播给人们。实际上，剪掉字典上的"不可能"并不能真的剪掉我们心中的"不可能"，要想调整好心态，我们最重要的是变得勇敢坚定。

邓普西出生的时候，只有一只畸形的右手，还有半只左脚。如此严重的残疾，换作一般的孩子肯定非常自卑，甚至对人生完全失去希望。但是邓普西很幸运，因为他拥有明智的父母，父母从来不让邓普西因为自己的残疾而羞愧，而是竭尽所能地让邓普西和健康健全的孩子一样生活。这么做的结果是，邓普西最终不但快乐成长，而且和所有男孩子一样可以做任何事情。例如，他能够参加童子军，和其他男孩一样行走 5000 米。当然，他并非重在参与，而是切实地把事情做得很圆满。

后来，他只依靠一只脚也能把橄榄球踢得很远，甚至比其他男孩子踢得更远。后来，为了能够更顺利地参加橄榄球运动，父母还为他专门定制了一只鞋子。虽然橄榄球教练委婉地告诉他，他不适合从事专业的橄榄球运动，而是建议他尝试着做点儿其他的事情，但是最终他还是凭着顽强和毅力，加入了新奥尔良圣徒队，并且以出色的表现赢得了教练的认可和赞赏。后来，他成功获得了专门为圣徒队踢球的工作，而且表现得出类拔萃。在那次比赛中，最后只剩下几秒钟的时间，邓普西最终成功把球踢到 57.6 米远，打破了此前球队中最远能踢到 50.3 米远的纪录。当邓普西成功为球队赢得三分的那一刻，全场的球迷都沸腾了，因为这个只有一只畸形的手和半只脚的球员，踢出了世界上最远的距离。面对众人的赞许，邓普西依然微笑着。因为一直以来，父母始终在告诉他他能做什么，而从未告诉他他不能做什么，所以他才总是觉得自己无往不胜。

一个人的心中如果总是牢记自己做任何事情都"不可能"，那么他就会把自己束缚住，不管做什么事情都无法真正放开手脚。与此相反，如果一个人心中始终牢记自己什么都能做，那么他就会爆发出强大的力量，甚至创造奇迹。邓普西的身体条件换作他人，别说是踢球了，只怕是连正常生活都无法进行和维持。但是他做到了，他比很多健全健康的男孩更加优秀，他创造了生命的奇迹！

人生的路很漫长，我们需要面对的事情很多，任何时候，都不要悲观消极地认为很多事情是不可能的。唯有认定自己是可以做到的，我们才能表现得更加优秀，也才能更加相信自己，确定自己是无所不能的！

是不幸，也是千载难逢的好机会

古人云，"水滴石穿，绳锯木断"。乍看起来，这句话简直让人难以相信，因为水滴的力量是那么小，如何能把石头穿透呢？绳子那么柔软，如何能够把结实的木头锯断呢？其实，当你真的坚持去做，你会发现哪怕力量再小，只要你坚持不懈地努力，最终就能够创造奇迹。当然，生命并不要求我们真的水滴石穿，绳锯木断，但是生活中会有很多艰难的事情需要我们去面对。例如，生活中的很多不幸和灾难，如果我们逃避，只会导致严重的后果；唯有勇敢面对，以自己微薄的力量坚持不懈，才能最终取得成功。

面对不幸，大多数人都感到非常糟糕，毕竟不幸的人生远远没有幸运的人生来得更加从容淡定。但是不幸并不会因为我们拒绝就会不复存在，它在生活中就像是我们的衣食住行一样理所当然地存在，因而我们要坦然接纳人生的不幸。有的时候，事情糟糕到一定的程度，就不会变得更加糟糕。也可以说，当最坏的情况出现后，事情就只会开始好转，而不会变得更坏。所以，面对不幸，我们与其抱怨，不如将其当成千载难逢的好机会，从而顺势扭转我们人生的局面。

别林斯基曾说，不幸是人生最好的大学。的确，也许社会上很多知名的大学可以帮助我们掌握更多的技能，提升我们的能力；但是唯有经历不幸这所大学，我们的人生才会变得更加厚重，我们才会不再因为年轻而浮躁轻狂。常言道，自知者明，自胜者强。在人生的诸多坎坷和磨难中，唯有强者才能征服很多艰难的困境，但是弱者只会屈服。所以我们要在不幸之中磨砺自己的心志，让自己变得更加强大起来。

克雷蒂安是加拿大的前总理，也是加拿大第一位连任两届的总理。难以想象的是，他小时候曾经因为疾病，导致整个左脸都麻木了，嘴角也变得畸形，因而说话时有一侧的嘴角总是下拉，而且他的一只耳朵也听不见了。对于小小的克雷蒂安而言，这种情况简直太糟糕了；对于其他健全人而言，一旦身体出现这样的改变，甚至连维持正常的生活都很难。然而，克雷蒂安却没有放弃自己，相反，面对生活的磨难，他勇敢地面对，还想方设法地改变自己的命运。

在著名医生的建议下，克雷蒂安把小石子放在嘴巴里矫正自己的结巴。刚开始时，他的口腔被小石子磨得鲜血淋漓，妈妈很心疼，请求他停止练习，并且承诺永远陪着他，但是克雷蒂安没有放弃，而是一边为妈妈擦掉眼泪，一边说："妈妈，每一只蚕蛹要想变成蝴蝶，都是非常难的，因为它们必须冲破茧的束缚。所以我也必须像蛹一样坚强勇敢，这样我才能破茧成蝶。"坚持了很久之后，克雷蒂安终于能够正常地发言了。

克雷蒂安不但有着顽强的毅力，而且非常勤奋。他在学校时成绩非常优秀，始终名列前茅，与人相处时也很和善，因而人缘很好。1993年10月，克雷蒂安参与总理竞选，当时，他因为脸部的缺陷遭到竞争对手的无情嘲笑和侮辱。然而，选民的眼睛是雪亮的，看到对手恶意攻击克雷蒂安，他们非但没有嫌弃克雷蒂安，反而给了克雷蒂安极大的支持。在竞选演说中，克雷蒂安感谢了选民们的信任，并且说："我愿意倾尽全力，带领国家和人民破茧成蝶。"最终，克雷蒂安以高票数当选加拿大总理，并且在1997年成功获得连任。为了表达对克雷蒂安的爱戴，加拿大人民全都亲切地称呼他为"蝴蝶总理"。

每个人在人生之中都会遭遇各种各样的不幸，这种不幸或者是天生的，或者是后天形成的。然而，无论不幸来源于何处，我们都要端正自己的心态，从而战胜不幸，甚至把不幸变成我们人生中的契机。就像克雷蒂安能够被尊称为"蝴蝶总理"，这与他的脸颊缺陷也是密不可分的。幸好他从没有放弃，而是始终牢牢把握着自己的命运，所以他才能开启人生的旅程，让自己获得梦寐以求的成功。

细心的朋友会发现，大凡伟大的人，也许他们并没有惊人的天赋，但是一定有勇敢面对挫折和磨难的能力。正因为如此，他们才能把握住不幸的机会，将其转化为幸运，也使自己拥有成功的人生。

告诉折磨："我不认输"

常言道，人生不如意十之八九。很多时候，人生的确如此，无法做到一帆风顺。而且有些倒霉的人，在人生之中更是霉运连连，甚至还会因此对人生失去信心和希望，以致彻底沉沦。这样的人生，当然不会是我们想要的人生。虽然折磨并不能使我们真正超越自我，获得成功，但是折磨能够为我们提供成功的条件，那就是我们在战胜折磨的过程中形成的坚定不移、勇敢无畏。

当然，这并不意味着只要遭受折磨就能成功，更重要的是我们要种下成功的种子，这样才能在人生的磨砺中找到努力和进步的方向。要知道，一切成功都是我们靠自身努力争取来的，而不是我们被动地等待来的。假如我们只知道等着天上掉馅饼，遇到难题的时候只想得到他人的帮忙，那么我们最终除了失败将毫无收获。所以，面对人生的折磨时，我们必须告诉折磨："我能行！我不认输！"这样才能鼓起勇气，在人生的路上扬帆远航。我们要记住，在人生的旅程中，也许有很多人都会帮助我们，但是真正值得我们依赖的人，只有我们自己。所以我们只有靠自己，才能活出属于自己的精彩人生！

有个农民家境贫寒，小时候只读了几年的书，就因为父母无力继续供养他而辍学了。回家之后，他无所事事，只能每天扛起锄头和父亲一起去地里干活。然而，没过几年，他的父亲也去世了，这下子，家庭的重担就全部落到他稚嫩的肩膀上。为此，他不得不一边努力地辛苦劳作，一边赡养年迈的祖母，照顾体弱的母亲。

随着改革开放的春风吹遍祖国大地，农村的日子好过些了，他决定改变命运。因此，他把与家相邻的一块水田挖掘得又深又大，使之变成了一片池塘。原来，他想在池塘里养鱼，等到逢年过节的时候拿去卖给街坊四邻，也可以换点儿钱。然而，等到他鱼苗都买好了，村主任却告诉他水田不能变成鱼塘，为此他只好再花钱拉土，把池塘填好。这件事情使得他成为全村人的笑柄。后来，他又和亲戚借钱养鸡，但是鸡却感染了瘟疫，一夜之间全都死光了。对于他贫困的家庭而言，简直是屋漏偏逢连夜雨，他觉得自己快要被逼疯了。母亲承担不起这个沉重的打击，居然忧郁成疾，一病至死。为此，他也沉沦了，他四处捕鱼为生，挣了钱就买酒喝，再也不想面对这个千疮百孔的家。

眼看着就要40岁了，他依然没有成家，因为没有女人看得上他，看得上他这个破烂家。哪怕是离婚或者死了男人的女人，都不想和他一起过日子。他痛定思痛，还是觉得日子不能这么过。为此，他四处借钱买了一辆拖拉机，想要挣钱。但是命运对他实在是太残酷了，拖拉机才买了半个月，他就出了车祸，拖拉机报废了，他也成了瘸子。他把拖拉机当作废铁卖了。正当大家都以为他这辈子彻底完蛋了时，他却突然顿悟了。若干年后，他创办的公司发展壮大，他也身家上亿。当听说他过去的经历时，很多人都觉得不可思议，也有很多记者慕名来采访他。对此，他淡然地问记者："我手里正握着玻璃杯，如果我松手，玻璃杯会怎样？"记者不假思索地回道："当然会碎。"然而，等到他真的松手，记者却发现玻璃杯并没有碎，而是发出一声脆响之后咕噜咕噜滚开了。原来，这种玻璃杯并非普通的玻璃杯，而是用玻璃钢制作而成的。

他也不是普通的血肉之躯，而是用特殊材料打造的。所以他才会在经历生活的无数磨难之后，甚至在每个人都觉得他不可能坚持下来的情况下，不遗余力地去抓住成功的手。只要一息尚存，他就不会放弃，因此今天的他才如此从容淡然。

朋友们，在抱怨命运多舛的同时，我们不如想想故事里这位原本命运悲惨、最终却获得成功的农民吧！和他的悲惨相比，相信我们之中的大多数都算得上是幸运，既然如此，我们还有什么值得抱怨的呢！不管什么时候，我们都应该告诉折磨"我不认输"，唯有如此，我们才能真正扼住命运的咽喉，成为命运的主宰！

第 03 章

心怀感恩面对折磨，
帮你积攒奋进的力量

　　人人都奢望自己的一生能够非常顺利，也希望自己在人生的旅途中能够顺遂如意。然而，愿望毕竟是愿望，很多时候，过于顺利的人生并不能让我们获得收获；反而是那些折磨我们的人和事情，使我们更加迅速地参透人生，成长起来。其实，和成长相比，收获也并非那么重要，因为成长对于我们而言才是最大的收获。

感恩敌人：生命有你而美好

在人生的路上，没有任何一次跌倒是无缘无故且毫无收获的，没有任何一次付出是无缘无故且毫无意义的，没有任何一次哭泣是无缘无故且毫无益处的。只要我们成为生活的有心人，对于生活中的点滴小事情，我们都能有所感悟，有所收获，那么，不仅是那些亲人朋友给予我们爱，就算是对手和敌人，也同样会给予我们成长的机会。

现实生活中，我们最憎恨的莫过于敌人。的确，如今处于和平年代，我们不需要扛起枪去战场上打仗，但是这并不意味着我们的生活中没有敌人。甚至，很多时候我们对于"敌人"这个词语是很熟悉和了解的。在与敌人一争高下和博弈的过程中，我们变得越来越讨厌我们的敌人。但是反过来想一想，我们的敌人也必然非常讨厌和抗拒我们。不可否认的是，也正是因为敌人的存在，我们才会不断督促自身变得成熟和坚强起来，最终成为生命的勇敢者，奋勇向前。

如果说朋友是我们人生的陪伴，那么敌人则是我们人生的激励。有的时候，朋友可以安抚我们受伤的心灵，而敌人却更能激发出我们的力量，让我们发掘自身的潜能，做出惊人的成就。特别是当我们的敌人足够强大，且足以威胁到我们的生存甚至是生命安危时，我们更是会因为敌人的存在而变得草木皆兵，一刻也不得安宁。从这个意义上而言，有敌人并非是坏事情，正所谓生于忧患，死于安乐，适当的威胁比安逸的环境更能让我们鼓起勇气，勇敢地面对人生，并突破自我，超越自我，成就自我。

作为濒危动物，美洲虎现在仅存十几只，岌岌可危，濒临灭绝，其中有一只美洲虎就生活在秘鲁的国家公园中。为了保护这只珍稀动物，秘鲁专门圈出607公顷山地，专门供美洲虎生活和活动之用。每一个去过虎园的人，都觉得美洲虎的生存环境非常好，因为这虎园里不但有山有水，还有很多食草动物供美洲虎享用，如牛、羊、兔子等，简直吃也吃不完。然而，让大家都感到奇怪的是，美洲虎只吃饲养员给它的肉类，根本不会主动威风凛凛地捕捉动物食用。它几乎一天到晚躺在空调房里，根本不像是山大王，倒像是一只懒惰的猪，每天只知道吃吃睡睡。

一次，有个市民在参观的时候，说："这可是老虎啊，林中之王啊！这个虎园也太安宁和平了，只有一群食草动物，老虎怎么可能有兴致去捉它们呢！这么大的一片地，如果有几只狼，或者有几条豺狗，至少也能调动起老虎的兴致，让老虎高兴一下。"管理员觉得这位市民言之有理，就向上级申请，在虎园里放了3只豹子。果不其然，自从来了新邻居，美洲虎一下子变得精神抖擞起来。人们全都觉得匪夷所思，原来动物的世界里也是需要实力相当的敌人的！

对于美洲虎而言，豹子是它的天敌，会对它的生存造成威胁。然而，没有天敌的日子里，美洲虎根本提不起兴致面对生活；正是因为有了天敌的存在，美洲虎才能精神抖擞，勇敢面对生活。

其实人也和动物一样，也需要有敌人和对手的存在，才能始终让自己精力充沛，警惕性高，从而变得更强大。

如果一个人在生活和工作中从来没有对手或者敌人，最大的可能不是因为他的能力很强，而是因为他已经走向堕落。回顾人生之路，我们会发现，真正促使我们一路奔波不停奔向成功的，并非是物质上的激励，而是敌人——甚至是想要置我们于死地的人的竞争。因此，在遭遇敌人的主动进攻时，我们无须惊慌，而应努力发现自身的缺点和不足，从而最大限度地提升和完善自己，使自己变得更加强大。所以，感谢我们的敌人吧，是他们成就了今天的我们，并把我们推上这样的人生之路！

过程比结果更重要

有人说，人生是一场没有目的地的旅行。的确，我们不知道人生的目的地在哪里，也不知道人生的旅程中会发生哪些事情。就像一棵树会在风雨不停的四季中成长一样，人生也会在泥泞和坎坷中渐渐走向目的地。其实，很多人对于生命的意义都有一定的误解，觉得生命无非是在轮回中渐渐老去，甚至以是否成功来评判一个人的人生是否充实。实际上，这完全是错误的。虽然结果很重要，但是生命更重要的意义在于过程，而非简单的结果。

这就像是学生学习一样，如果眼睛只盯着分数，那么学习未免太急功近利，也无法享受学习的过程和乐趣。而且，学习的目的一旦变得单一，即单纯为了分数而学习，那么学习也就会变得苍白枯燥。毕竟授人以鱼不如授人以渔，对于学生而言，掌握学习的方法则一劳永逸，这远远比掌握那些枯燥的知识点来得有趣得多。在人生的历程中，我们应更多地关注人生的体验，如幸福快乐，或者悲伤愁苦，这对于我们的人生是非常有意义的，也会给我们带来独特的人生体验。

很久以前，有个年轻人总觉得自己是人生的失败者，因而非常沮丧自卑。渐渐地，他还抱怨起来，认为上帝是不公平的，所以才会让他遭受这么多的苦难，却从未让他感受过成功的滋味。

年轻人翻过一座座大山，蹚过一条条河流，好不容易才遇到一个老人，因而走过去问老人："老爷爷，什么是成功呢？"老爷爷正举着钓竿站在河边钓鱼呢，因而头也不回地说："嘘，不要吓跑我的鱼。这还用问吗？成功就是每天都能钓到鱼。"年轻人显然对于这个回答不满意，因此他继续风雨兼程，翻山越岭，又来到一片森林中。他看到有个猎人行色匆匆地正在赶路，便赶上去问猎人："请问，什么是成功呢？"猎人说："不要耽误我的时间啊，我正在追赶一头被我射伤的小鹿。成功就是每天都能抓到猎物啊，这还用问吗！"

年轻人没有得到自己想要的结果，又跋山涉水，穿越了沙漠，最后才在沙漠边缘找到上帝。他问上帝："到底什么才是成功？"上帝友善地回答："活着就是成功，知道怎么活着也是成功，活得精彩更是成功。年轻人，别再因为什么是成功而烦恼，当你全心全意地投入生活之中，你就成功了。"

上帝的话很有道理。人生就像是一场旅行，如果我们过于着急地奔赴目的地，那么我们还没有欣赏到沿途的风景，就急急忙忙地到了人生的终点。实际上，我们如果能够摆正心态，在人生的路上闲庭信步，把人生中该体验的一切都体验好，那么我们也就获得了成功，而且能够在成功到来的时候从容镇定，更好地享受成功的喜悦。

毋庸置疑，成功对于每个人而言意义都是不同的。例如，有的人觉得赚取足够的金钱就是成功，有的人觉得做大官是成功，还有的人觉得拥有爱情是成功。对于成功，每个人都有自己的理解；对于人生的意义，每个人也都有自身独特的感悟。如何才能更好地享受生命的过程呢？唯有抛开功利心，更加专注于人生的体验和感悟，才不会被目的迷惑了眼睛和心灵。人生也像是爬山，越是爬得快，越是没有机会欣赏山上一步一景的美丽。朋友们，从现在开始，让我们放缓脚步，更加全心全意地感悟人生吧！

一切都会过去的

人生之中，大多数人都在艰难跋涉，很少有人是真正一帆风顺、顺心顺意的。甚至有的时候，人生路上难免风雨泥泞，充满坎坷和挫折。偶尔，还会有灾难突然降临，使得我们的人生更加紧张局促，我们也难免觉得手足无措。尤其是在状况严重的情况下，我们甚至不知道如何面对这一切，也不知道如此难熬的时间什么时候才会过去。然而，时间告诉我们，一切都会过去的。

曾经有一位记者问百岁老人对于人生的感受和体验，老人只说了一个字——熬。显而易见，这是一位饱经生活磨难的老人，她不但经历过旧时代，也经历了战争年代，可谓是浴火重生，见证了历史的发展。尽管这个"熬"字看起来没有太大的文学性和艺术性，但是非常生动形象。的确，人生就是熬过来的，不管多么艰难的时刻都不放弃，勇敢地、坚毅地熬啊熬啊，最终就来到了晚年，就成为百岁老人。一个"熬"字告诉我们，在时间的流逝之中，一切终将过去，都会成为历史，唯有坚持，才是人生亘古不变的原则和定律。

如果用一幅图画来表示人生，那么在大自然的鬼斧神工下形成的江河湖海以及高山沼泽，恰恰是对人生最好的形容和描绘。有的时候，我们正面对着一座高山，高山很高，看似根本无法逾越。此时，我们难道能够退回去把人生之路重新走一遍吗？当然不可能。退一万步而言，就算我们退回去重新选择，我们也未必就能够绕开所有的高山。所以，面对人生路上横亘的阻碍，最重要的不是逃避，也不是回头，而是勇往直前，迎难而上。要知道，温室里的花朵尽管看似美丽鲜艳，却经不起任何风吹雨打；马棚里的马儿虽然看上去膘肥体壮，但都是中看不中用的。真正的千里马一定是驰骋在辽阔的大地上的骏马，真正的人生强者一定是历经风雨、走过人生坎坷的人。

人们常说，天无绝人之路，言外之意也就是没有过不去的坎。是的，只要活着，哪怕遇到再坏的情况，哪怕一切都让人觉得无法面对，手足无措，但是只要活着，一切就都会过去。当然，必须强调的是，前提是好好地活着。很多人特别怯懦，一遇到小小的困难就想到放弃，就恨不得马上摆脱人生，奔向极乐世界。有谁知道极乐世界是否真的存在呢？况且不管去到哪里，如果总是这么胆小怯懦，也是根本不可能获得幸福快乐的。

　　每个人都是自己命运的主宰，任何时候，哪怕命运残酷地和我们开玩笑，我们也要坚持不懈，在泥泞之中走出一条属于自己的人生之路。

　　越是在艰难困苦的时候，我们越是要乐观豁达。唐代大诗人李白一生命运多舛，但是他从未向命运屈服。这一点，我们从他狂放不羁的诗歌里就能看出来："天生我材必有用。"这样的诗句，绝不可能出于一个怯懦者之口。

　　每一条河流在蜿蜒曲折或者奔腾不息的过程中，都难免会受到几块石子的阻拦和打击，这是很正常的。当我们在人生中遭遇磨难的时候，只需要一笑置之，然后勇敢面对，就能战胜困难，从而让我们的人生之河流继续奔腾向前。要知道，再大的苦难也不能使时间的脚步停止，这也就注定了我们的命运就是向前，向前，再向前。这种前进的趋势和力量，是不以任何人的意志为转移的。

　　正如一首歌里唱的，不经历风雨，怎能见彩虹，没有人能随随便便成功。我们也要认识到，人生只有经历风雨，跨越一道又一道看不见的坎儿，才能最终到达我们所期望的终点。真正的人生强者，会知道比起成功来失败对于我们人生的成长和成熟有着更为重要的作用，是不可替代也是每个人都必须经历的。

感恩朋友：感谢你们的一路相伴

在这个世界上，一个人可以没有很多东西，因为很多东西都不是生命的必需品，但是却不能没有朋友，因为没有朋友陪伴的人生注定是孤独、寂寞难耐的。朋友之间的情谊也因为各自的脾气秉性不同，因而展现出很多微妙的样子。有的朋友之情非常热烈，简直是一日不见如隔三秋；有的朋友之间则恰恰相反，也许几年也不见一次面，就算见了面也淡淡的，而真情却缓缓地流淌在心底，如同醇香的美酒不曾有丝毫的变淡；还有的朋友亲密无间，不管有什么事情都会告诉对方，甚至把所爱的人的隐私也和盘托出，毫无保留；还有的朋友之间从来不话家常，只是在有重要的事情时才在一起三言两语说几句。这些不同的友谊，就像是一杯杯或浓或淡的茶水，有的酸涩，有的回甘，有的香醇，有的清逸，都各有其味。

人们常说，多个敌人多堵墙，多个朋友多条路。其实，这么说未免有些功利了。朋友之间未必是要互相利用，很多时候只是在合适的时机互相帮衬而已，并非是有心栽花。真正的朋友从来不功利，认识谁或者亲近谁，更不是为了所谓的利益。因而在经营友情时，他们也更加用心，觉得人生得一知己难，得一朋友同样很难；而要想让友谊地久天长，更是难上加难。虽然朋友之间的情谊要用心维护，但并非是刻意经营就能得到的。岁月无情人有情，很多朋友多年未见，但是只要一通电话，就马上熟悉得仿佛刚刚分开一样。有这样的朋友，哪怕相距遥远，心底也是非常温暖而又踏实的。

一生之中，值得我们珍惜的东西很多，有朋友的日子里，哪怕是一把吉他、一杯清茶，或是一杯啤酒、一碟花生米，也能吃出人世间最美的味道，喝出人世间最醉人的情谊。所以我们要珍惜生命对于我们很多的馈赠，其中最要感恩的就是拥有朋友。

然而，友情也是非常脆弱的。我们与朋友也许会一辈子相互扶持和帮助，也可能仅仅因为一个小小的误会就分道扬镳，彼此成为仇人。所谓爱之深则恨之切，在朋友这里和在爱人这里一样，得到了很好的诠释。因此，我们每个人都不可漠视友谊，不可在拥有朋友的时候漫不经心，又在朋友离开的时候追悔莫及。把朋友当成人生中最重要的财富去珍爱和呵护吧，这样友谊之树才能万古长青，我们的人生也绝不会因为没有朋友的陪伴而陷入寂寞之中。

朋友之间关系亲密，因此对于彼此的伤害往往更加深刻。记得有一首歌里唱道，最爱我的人却伤我最深，这正是因为我们对于最爱的人从来不设防。那么，就让我们忘记朋友无心之间给我们带来的小小伤害吧，让我们把朋友对我们的好意和恩情牢牢记在心里，永不忘却。

这个世界如此之大，大到一个人可以像水滴藏匿于沙子之中一样消失于无形。所以不要再轻易放弃朋友，更不要告诉自己没有了这个朋友我还可以认识那个朋友。事实是，朋友之间的交往和爱情一样是需要缘分的。如果没有缘分，朋友对我们来说就会变得可遇而不可求。因此，不管我们拥有多少朋友，也依然要珍惜朋友，要把朋友视为我们一生之中最宝贵的财富。

也许有些人会说，虽然朋友有很多，但是真心的没有几个。

的确，现代社会人际关系复杂，人心也不再像以前那么单纯，所以如果朋友之间有相互利用的关系，其实是很正常的。我们总会有一两个知己是绝对的朋友，是真朋友，那么对于其他的朋友不如宽容一些，哪怕是在善意的互相利用下，也可以把对方当成一个普通的朋友，因为毕竟你们对于彼此还有价值。对于那些人走茶凉的朋友，一旦发现原来他们如此功利，那么不如断绝往来，因为这样的人是你的损友，当你真正需要他们的时候，他们会树倒猢狲散，溜得比兔子还快。

常言道，忠言逆耳，良药苦口。如果身边的朋友不怕得罪我们，说出我们的缺点和不足，那么我们一定不要对他们生气。因为只有真正的朋友，才会冒着得罪我们的风险让我们更加进步，改正缺点。这样的朋友是真朋友，哪怕他们说话的方式不为我们接受，不被我们喜欢，我们也要怀着感恩的心对待他们，感谢他们的一切付出。我们要对他们多一些善良和友好，多一些微笑和真诚，从而令我们与他们之间的友谊之树长青不败，让我们与他们的人生都因为这份友情的存在而变得更美好。

感恩之心，让生命充满力量

现代社会，随着生活节奏的加快、工作压力的增大，越来越多的人对于生活充满了抱怨。其实，这并非因为生活变得不够完美，而是因为我们缺乏感恩之心，因而贪欲越强，心也会陷入欲望的囚牢之中无法自拔。我们唯有怀着感恩之心，才能让生命充满力量，才能更加积极地面对人生。

感恩是一种人生的责任，也是能够化解我们心中怨恨和愤怒的最好方式。常言道，滴水之恩，当涌泉相报，这不仅限于人与人之间的恩怨，也指人与整个大自然之间的关系。所以我们必须学会感恩，这不但能够释放我们怨愤的心灵，也能让我们的人生变得更宽和平静。

人生之中，最应该感恩的就是父母，因为正是父母给予了我们生命，才把我们带到这个世界上，才让我们拥有了这个美好的世界。因而不管什么时候，我们都要牢记父母的养育之恩，牢记父母是如何把嗷嗷待哺的我们抚养成人的。此外，生命之中需要我们感恩的还有很多。例如，太阳每天按时从天边升起，照射在茫茫的大地上，为万事万物提供生命的能力。再如，雨水滋润着土地，也滋养着我们的心灵，让我们干涸的心灵久旱逢甘露，感受畅快淋漓。当我们拥有感恩的心，当我们对一切都心怀感激时，我们的心灵也会拥有更加强大的力量，我们的人生也会变得更加美好和值得珍惜。

琳娜已经 12 岁了，正值青春期，因而非常叛逆。尤其是最近这段时间，她和妈妈之间简直就像是冤家路窄，又像是水火不容的仇人，到了彼此都无法忍受的程度。不管妈妈说什么还是做什么，琳娜就是听不惯也看不惯，她只想得到自由。一天。琳娜和妈妈又不知道因为什么小事吵了一架，一气之下，琳娜摔门而出。因为走得太急，她忘记带钱包了。走着走着，没有吃晚饭的她饿得饥肠辘辘。她来到一个面摊前，嘴巴里不停地吞咽着口水，但是她却身无分文。看到琳娜不停地在面摊前转来转去，开面摊的老婆婆友善地问："孩子，你是饿了吗？"琳娜害羞地点点头，说："是，我和妈妈吵架，出来的时候忘记带钱包了。"

听说琳娜是生气从家里跑出来的，好心的老婆婆当即决定劝劝琳娜。因而她对琳娜说："没关系，孩子，你等着，我马上就给你下一碗雪菜肉丝面，好吗？"琳娜感激地点点头，对老婆婆千恩万谢。很快，老婆婆就给琳娜端来了一碗热气腾腾的雪菜肉丝面，她还细心地给琳娜加了一个荷包蛋。饿极了的琳娜狼吞虎咽地吃起来，但是才吃了几口，她就开始簌簌地掉眼泪。她不敢抬头看老婆婆，就这样和着眼泪吃完了一碗面条。老婆婆看到琳娜吃饱了，才问："孩子，你怎么了？"琳娜委屈地说："谢谢你，老婆婆。你看看，你根本就不认识我，还给我煮面条，煮荷包蛋。但是我妈妈呢，我还是她亲生的呢，她居然把我赶出家门，还让我永远都别再回去了！这到底是不是我的亲妈妈呀！"老婆婆听了琳娜的话，突然笑了，说："孩子，其实你想错了。你看看，我只给你这一碗面条和一个荷包蛋，你就对我心怀感激，但是你怎么没想想养育你的这十几年里，你妈妈为你做了多少次饭，又把自己尝也舍不得尝一口的好东西都留给你吃了呢！孩子，你不该和含辛茹苦养育你长大的妈妈吵架啊，更不应该摔门而出，她现在还不知道怎么担心你呢！"老婆婆的话使琳娜陷入沉思，她懊悔不已，赶紧告别老婆婆往家走去。果然，她才到家楼下的巷子口，就看见妈妈正在路口焦急地四处张望呢！这时，琳娜的眼泪再次止不住地流下来。

生活中，很多人都和琳娜一样，对于陌生人哪怕是微小的帮助都心怀感激，而对于辛苦养育自己成长的父母，却总是觉得父母为自己做一切都是应该的。人们常说"小羊跪乳，乌鸦反哺"，其实这都是大自然里的动物在感谢生养自己的母亲。作为人，我们点点滴滴的成长都是父母用心付出的，无论何时，也不管我们与父母产生多么大的分歧，都不应该因此与父母生分，更不应该为此怨恨父母。

当我们学会感恩父母，当我们学会感恩这个世界，我们就发现自己的内心充满了力量，而那些本不应该存在于我们心中的仇恨，也消失得无影无踪。对于我们的心田而言，感恩的心就像是阳光雨露，是不可缺少的。不管我们拥有的是多还是少，只要我们心怀感恩，我们就会对人生充满希望，我们就会对世界满怀感激，我们的内心就会拥有力量。

第 04 章

让那些为难你的事，都变成助你蜕变的垫脚石

　　每个人生活在这个世界上，都不可能永远一帆风顺。每个人的人生都注定了要遭遇挫折磨难，才能在痛苦的过程中经历蜕变，才能让生活的宽度拓宽，才能让生命变得厚重有分量。很多时候，生命中遇到的那些人看似在为难我们，实际上却是在帮助我们，是我们的贵人。我们应该感谢他们的出现，正是因为他们毫不犹豫地为我们指出缺点和不足，我们才有积极向上的动力，才能一步一步接近成功。

遭遇折磨，你才更坚强

老人们常说，花点儿力气没关系，力气又不会用光。的确，力气是能够恢复的，在辛苦疲劳之后，只要好好休息，补充营养，力气很快又会涨起来，使我们浑身充满力量。人生的潜能也是如此。曾经有科学家经过研究证实，人的潜能其实就像是一座无穷无尽的矿山，而人在一生之中用到的只占潜能中很小的比例。如果加大力度开发人的潜能，人将会变得非常强大。即便如此，潜能也是取之不尽、用之不竭的。由此可见，在电视剧《我的前半生》中，罗子君所说的"相信你自己，你其实远远比你看起来的更强大"是很有道理的，罗子君也正是通过不断挖掘自身的能力，实现蜕变，最终才成功地让自己从全职太太变成精明干练的职场女强人。

通常情况下，人的潜能就像是沉睡的宝藏，并不会自己表现出来。只有遭遇重大的打击，在困难和挫折面前，人的潜能才会被激发，人才会变得比自己想象中更勇敢。例如，罗子君在"被离婚"之后，根本不以为自己能够养活自己，也不以为自己能够成为一名职场女性；她觉得一切都完了，也觉得自己的人生从此之后就会陷入黑暗，更觉得如果自己的生活中没有陈俊生提供的帮助，那么一切都会变得无法进行下去。然而，一切并没有像她想象中那样陷入艰难的境遇；相反，在好朋友唐晶的督促下，在贺涵的帮助下，她一步一步地走向职场，最终取得了很不错的成就。这就是折磨的力量。其实折磨本身是没有力量的，但是折磨往往可以激发出我们的潜能，从而让我们更加强大起来。

古今中外，大多数有所成就者，都是能够激发自身的潜能，从而把自身的力量发挥到极致的人。我们虽然只是普通而又平凡的人，但是也要感谢那些曾经折磨过我们的人和事情，这样才能体会出生命的深刻。我们必须宽容、感谢我们无法宽容的人，从而让自己的心变得更加宽容友善，也让我们能够更深刻地认识自己，从而努力挖掘出自己的潜能。

在非洲奥兰治河的沿岸，生活着很多羚羊。为了研究这些羚羊，有位动物学家专门展开了长期追踪。最终，他发现生活在东岸的羚羊群繁殖能力很强，而且奔跑速度非常快；相比之下，西岸的羚羊群则慢了很多，繁殖能力也没有那么强。动物学家很纳闷，因为在河岸两边的自然环境是差不多的，而且羚羊们的食物也基本相同，为何东岸和西岸相差这么悬殊呢？经过长期的观察，动物学家终于发现，在东岸除了生活着这群羚羊之外，还有几只凶残的狼。这些狼经常捕食羚羊，羚羊感受到生命受到威胁，因而更加努力地奔跑，更加努力地繁殖后代，以便能够生存下来。

我们不得不承认，不管是动物还是人，在逆境之中，都能最大限度地爆发出生存的动力。动物的潜能是无限的，人的潜能也是无限的，就连羚羊都能在狼的威胁下爆发出超强的生命力，更何况是我们人呢！所以，朋友们，不要让自己的生活过于安逸和舒适，要适当地让自己紧张起来，或者为自己赢得更多的机遇和挑战，这样我们才能发掘出自身的潜力，让自己得到更长足的发展。但是，很多时候，潜能并非是我们想激发就能够激发出来的，而是要遭遇困境，才能被激发出来。因此，年轻人必须把自己逼入相对艰难的境遇，才能让自己变得更加勇敢坚强，最终获得成功。

人生之路上，折磨和苦难的生活就像一把双刃剑，能够让强者变得更强大，也能让弱者变得彻底崩溃，甚至毁灭。最关键的不在于磨难本身，而在于我们是否能够调整好自己的心态，从容不迫地面对磨难，并积极热情地对待人生。尤其是年轻人，千万不要一遇到困难就怯懦退缩，我们唯有鼓起勇气勇敢面对人生，才能让人生扬帆起航。

感恩伤害，让心变得更勇敢

每一年，春来秋去，在寒冬腊月中，我们期待着春天的再次到来。人生一世，不可能永远都温暖如春，更多的时候，人生会如同一年四季一样交替更迭，让我们感受到生命的神奇。当然，有的时候我们会更顺遂，能够看到人生的花开花落；有的时候我们会陷入困顿，导致我们犹如困兽在笼，不知道如何才能冲破人生的囚牢。然而，不管人生充满艰难坎坷还是顺遂如意，我们的人生都只能向前，向前，再向前。哪怕我们的人生之路从来不是平坦的，总是面对高山深海，我们也只能一路向前，遇山开山，遇海渡海。

很多时候，人生之中的伤痛甚至是致命的，让我们误以为自己无法熬过这黑暗而又艰难的岁月。然而，伤痛归根结底只是一种痛苦，只要我们咬紧牙关，努力坚持，我们就一定能够挺过来，从而获得人生宝贵的财富。在此过程中，我们原本稚嫩的心灵变得越来越坚强勇敢，我们的心志在人生的磨砺中变得无坚不摧。年轻的朋友们，不要再因为命运多舛而充满抱怨，任何时候，我们都要感谢那些曾经伤害我们的人，正是因为他们的存在，正是因为他们的伤害，我们才成为今天无所不能的自己。也正因为身处逆境，我们不得不面对，最终才发现自己原来具有这么强大的力量。

那些曾经伤害我们的人，不管是有心还是无意，都使我们陷入困境，都使我们在人生的路上虽然遭遇风雨泥泞却从来不轻言放弃。的确，人生就是如此，充满了坎坷和挫折，也使我们饱经磨难。我们唯有拥有深沉的心，才能拒绝肤浅；我们唯有经历过欺骗，才能最大限度地变得聪明起来，不再盲目轻信；我们也正是因为经历过一切艰难坎坷，才能懂得感恩生命。可以说，一个没有受过伤害的人，是没有免疫力的，也是无法成功摆脱自己的心魔，突破和超越自我的。

对于任何一个人而言，身体的逐渐强壮，并不代表他自身的真正成熟。因为一个人成熟的标志是心智的成熟，而并非身体的强壮。古今中外每一个能够成就大事的人，无一不是成熟稳重的人，他们心思坚定，处事果决，而且从来不会因为犹豫不决错失良机。但是，这样的能力并非天生就能有的，而是经历不断的磨炼才逐渐养成的。就像老鹰为了训练小鹰搏击长空的能力，不惜把小鹰推下高高的山崖一样，我们要想获得成长，对于自己也要有这样的决心和勇气。唯有如此，我们才能让自己在风雨泥泞中越来越坚强，才能最终成为人生的强者，在人生之中实现自己的目标，拥有属于自己的充实且精彩的人生。

感恩伤害，也会帮助我们拥有一颗宽容的心。很多时候，我们因为他人无心的伤害或者故意的伤害，始终活在仇恨里。虽然君子报仇十年不晚，但是我们又多花费了十年的时间去憎恨一个人，这又何尝不是对我们自身的折磨呢！真正明智的朋友，不会因为他人的伤害而让自己牢记十年，更不会用别人的错误惩罚自己。他们会忘记仇恨，也放下对他人的执念，从而坦然地面对生活，迎接崭新的未来，如愿以偿地获得幸福快乐。这样的人生，才是了无遗憾的人生；这样的选择，才是真正明智的选择。所以，朋友们，无论我们曾经经历过什么，我们都不能忘却对生活的初心，更不能因为别人的错误就无休止地惩罚自己，把自己囚禁在心的牢笼中，不肯放过自己。唯有让心自由自在，满怀真诚与爱，我们的人生才会有幸福快乐相伴随！

感恩藐视，让你拥有自尊心

每个人都有自尊心，甚至有的人自尊心很强烈，因而特别爱面子。在人际交往的过程中，不管面对怎样的人，除非我们想要肆意侮辱对方，否则就要特别注意照顾他人的自尊心和颜面，唯有如此，我们才能得到他人的尊重，并建立良好的人际关系。所谓尊重是相互的，也正是这个意思。

遗憾的是，现实生活中人际关系复杂，人与人之间的利益关系更是错综复杂。哪怕我们心中怀着美好的愿望，很多时候依然会被他人恶意伤害。更有些居心叵测的人，甚至还会当众羞辱我们，伤害我们的自尊心。也有些人比较隐晦，虽然他们不会公开挑衅我们的尊严，但是会故意藐视我们，对我们视而不见，对我们说的话置若罔闻，不得不说，这也是很让人恼火的。那么，对于他人这种不露痕迹的轻视和藐视，我们应该怎么办呢？难道因为对方对我们爱答不理，我们就上去和他们理论一番，或者打一架？毫无疑问，这是自取其辱的行为，因为对方的藐视实际上并没有对我们造成实质性的伤害，而且人与人之间的冷漠也不能被当成恶意报复的理由。如果我们真的按捺不住自己，去伤害了他人，反而显出我们的小肚鸡肠和斤斤计较。

其实，我们非但不应该憎恨和报复藐视我们的人，反而还要感谢他们。正是因为他们的藐视，才激起了我们的自尊心，也让我们奋发努力，为了维护自身的尊严而努力提升和完善自我。尤其是对于很多年轻人而言，他们刚刚步入社会，缺乏社会经验，未免有些眼高手低，因而更容易遭到他人的藐视。每当这时，年轻的朋友们，不要愤恨，不要抱怨，而要勇敢地从困境中站立起来，以实力为自己代言。唯有如此，我们才有资本为自己争取尊重，才有实力让他人对我们心服口服。

伟大的画家徐悲鸿在学画的时候，就曾经受到了他人的恶意侮辱。有一天，一个西方的学生不以为然地对徐悲鸿说："徐先生，尽管达仰很器重你，但是他并不能保证你会成为画家。要知道，你们中国人天生资质愚钝，哪怕成为上帝的学生，也不可能有所成就。"听到这番不但侮辱了自己，也侮辱了自己的祖国，更侮辱了千千万万个中国人的话，徐悲鸿感到愤怒不已。然而，他很清楚自己如今还没有资本和他人一较高下，也知道自己根本不可能仅凭争辩就得到他人的认可和尊重，为此，他决定发奋努力，以自己的实力为中国代言，让那些带着傲慢与偏见看待中国的人都禁言。从此之后，原本就很勤奋的徐悲鸿更是像一匹骏马一样日夜兼程，从不敢有丝毫懈怠。后来，徐悲鸿在绘画艺术上有了突飞猛进的发展，那个西方国家的学生看到徐悲鸿的作品后感到非常惊讶。他特意向徐悲鸿道歉："徐先生，我有眼不识泰山，你们中国人了不起，不可小觑。"

在这个事例中，有人觉得徐悲鸿太过忍气吞声，然而，在那样的情形下，徐悲鸿只能选择忍气吞声，然后奋发图强。但是徐悲鸿的忍气吞声不是怯懦，也不是胆怯地退缩。徐悲鸿的做法非常正确，而且是很理智的。的确，争辩除了使人际关系恶化之外，根本不能对事情起到任何好的作用。在这种情况下，我们与其与他人争一时之气，不如更好地展示自己，用实力为自己代言，用实力说服他人为曾经轻视我们的行为，向我们道歉。

人人都有自尊心，而且每个人的自尊心有强有弱，各不相同。正是因为有自尊心的支撑，我们才能鼓起勇气，勇敢无畏地奋勇向前。所以朋友们，永远不要因为他人伤害了我们的自尊心就愤愤不平，要知道，我们唯有变得足够强大，才能赢得他人的尊重，才能得到他人的钦佩。任何时候，一个人都不应该穷尽一生庸庸碌碌，生命的闪光点，永远都是我们自己创造出来的。所以，从现在这一刻开始奋发努力，让自己变得更加强大吧！

感恩欺骗，让你变得更聪明

　　曾经有心理学家通过观察儿童发现，儿童只有在心思更为缜密的情况下，才会渐渐学会说谎。相反，很小年纪的孩子，也就是人们常说的心眼还跟不上的情况下，是不会撒谎的。正因为如此，证实了谎言是随着孩童智力的不断提升才渐渐形成的。然而，现实生活中，尤其是在成人的世界里，很多人都对谎言深恶痛绝。这主要是因为谎言带有欺骗性，哪怕是善意的谎言也同样是以掩盖事实、欺骗他人为目的的。所以有些朋友不愿意被欺骗，一旦遇到谎言，就会变得歇斯底里。但是心理学家经过研究也发现，就算是成人，每天也会说谎若干次。例如，有同事喊你中午一起下楼吃午饭，你会说自己带饭了，或者说自己还不饿，其实你只是不想和对方一起吃饭而已。但是毕竟是同事，所以你不好意思直接拒绝他人，因而只好采取这样的方式委婉拒绝。但是，这就是欺骗，而不是你本心意思的表达。

　　仔细想想，朋友们，一天之中，你是否也曾经数次说谎呢？有的时候，你是有意识地说谎，因而你能意识到自己是在说谎，但是有的时候你却是无心地说谎，因而也就意识不到自己是在说谎。既然如此，你还会因为他人的欺骗而歇斯底里，感到无法接受吗？其实我们完全可以调整好自己的心态，悦纳那些善意的谎言，也感恩那些恶意的欺骗。毕竟，如果没有他人恶意的欺骗，我们永远也不知道这个世界上人心险恶，也不知道看似对我们很友好的人却会在背地里朝着我们下刀子，更不知道我们原来可以在谎言学校里不断地学习，让自己变得聪明起来。

人们常说，一个人不会在同样的地方跌倒两次。我们要说，一个人也不会三番五次被同一个人或者被同一个蹩脚的谎言欺骗。所以也许我们刚刚被欺骗的时候还浑然不觉，因而觉得很惨，但是随着时间的流逝，我们会渐渐在欺骗中成长起来，具有辨识能力，甚至能够识破更大的谎言。这就是谎言学校对于我们的独特贡献，我们不会一朝被蛇咬十年怕井绳，但是我们能够做到一次被骗就具有了对欺骗的免疫力。人生是很漫长的，这种能力的形成对于我们未来的人生之路有莫大的好处。

很久以前，有个人特别信奉上帝，他总觉得上帝是无所不能的，因而能够帮助众生解除一切疾苦。然而，有一次，他正在路上走着，突然天降大雨，为此他躲进一座教堂中。这时候，上帝来到他的身边，他如同看到了救星，赶紧恳求上帝："上帝啊，请您救救我吧，我不想淋雨。"上帝答应了他之后，转眼消失了。没过多久，他又被雨淋，只不过这次他站在屋檐下躲雨。这时，上帝又来到他的身边，他再次恳求："上帝啊，我不想淋雨，求您救救我吧！"上帝说："你在屋檐下，雨淋不到你。而我却在雨里，所以你无须我度你。"听到上帝的话，这个人马上走出屋檐，站在雨里，并且再次恳求上帝救他。不想，上帝又突然消失了，他在雨中淋了很长时间，上帝一直都没有再出现。

过了很久，天又下雨了。这次他没有躲避，而是在雨里走着。果然，上帝又出现在他的身边，他请求上帝帮助他，上帝却说：

"我和你一样也在雨中，但是我有伞，你没有伞，所以是伞度我，你也应该自己去找伞。"说完，上帝就消失了，这个人若有所思地站在雨里，似乎明白了上帝的深意。后来，这个人遇到一些为难的事情，看似走投无路了，因而去教堂里向上帝祈祷。他刚刚走进教堂，就发现上帝自己也正跪在自己的雕像前虔诚地祈祷。他问上帝："您也在求自己吗？"上帝点点头，问他："你知道我为何要跪拜自己吗？"这个人说："您应该是想告诉世人，不管遇到什么事情，求人都不如求己。"他的话音刚落，上帝就带着笑容从他眼前消失了。

任何情况下，我们要想活出个样子来，就只能自己靠自己，让自己成为自己最坚强的靠山。唯有如此，我们才能如愿以偿地实现自己的心愿，才能活出自己最成功的样子。

朋友们，面对别人的欺骗，不管是善意的还是恶意的，我们都要感恩。正是因为这些欺骗，才让我们越来越成熟，才让我们变得更聪明，最终对欺骗具有免疫力。

感恩抛弃，你才学会坚强独行

在电视剧《我的前半生》中，全职太太罗子君原本过着衣食无忧的生活，在丈夫陈俊生的养活下，连她的家人都得到了很好的照顾和帮衬。然而，这个看似蔫头耷脑的陈俊生，居然移情别恋，爱上了不管长相还是身材都不如罗子君的凌玲。这让原本"防火防盗防小三"且只把目光盯着那些小姑娘的罗子君猝不及防，因为她无论如何也想不到看起来安全无公害的凌玲会是破坏她家庭的头号杀手。然而，事情既然已经发生，就无法挽回。哪怕罗子君苦苦哀求陈俊生给孩子一个快乐幸福和健全的家，陈俊生还是义无反顾地选择了离婚。原本，罗子君以为自己只会当全职太太，一旦离开了陈俊生，就无法生活。但是，最终的结果却出乎所有人的预料，包括罗子君在内，都没有想到她原来是这么能干的。她不但成功走出了离婚的阴影，还坦然感谢陈俊生的抛弃，才让她成为今天的自己。看得出来，罗子君对于陈俊生的感谢是真心实意的，因为她真的很喜欢自己这样把握人生、不虚度年华的感觉。这也正应了我们这一节的主题：感恩抛弃，你才能学会坚强独行。

很多父母都对孩子学习走路的情形记忆犹新。当孩子呱呱坠地后，就开始接受父母无微不至的照顾；然而随着年岁的增长，他们渐渐长大，不得不开始学习独立行走，独立穿衣服，独立吃饭等。这些生活的琐事对于成人而言也许很容易，对于孩子而言却是全新的生活内容，因而他们需要付出加倍的努力，才能让自己得到更好地成长。

记得有篇报道曾说，大学生因为不会铺床，以致在铺盖卷上坐了一夜没有睡觉；还有的大学生因为没有见过带壳的鸡蛋，所以不会剥鸡蛋，以致眼睁睁地看着鸡蛋却无从下口，根本不知道怎么吃。

我们在嘲笑这些大学生高分低能的同时，也不禁对家庭教育产生深深的反思。如果父母始终不放手让孩子去成长，孩子如何有机会更好地适应这个社会呢！所以，真正爱孩子的父母，不会事无巨细地为孩子代劳，而是会在适当的时候放手，让孩子自己努力去打拼、去奋斗。也许孩子会因此摔得头破血流，但是他掌握的技能会使他未来的人生之路走得更好。所以，我们要当明智的父母，为孩子的人生负责。

没有人能够真正陪伴我们一辈子。父母终将会老去，离开我们的生命；孩子也会长大成人，在羽翼丰满之后离开我们的护翼。我们能够依靠的，唯有我们自己。当我们真正独立时，也就没有任何人能够遗弃我们。所以，朋友们，要想避免被抛弃，最好的办法并不是摇尾乞怜，或者恳求别人不要抛弃我们，而是以独立的姿态存活于世。

就像《我的前半生》中蜕变之后的罗子君，她变得非常强大，再也不怕被任何人抛弃，因为她不属于任何人，而只属于自己。她说，知道能做什么，知道自己接下来要怎么办，这种感觉真的很好。

的确，比起离婚时几乎痛不欲生也完全对人生绝望的罗子君，这样的罗子君太好了。这样的罗子君才是一个强大的妈妈，才不会因为任何事情而无法照顾自己的孩子，才不会不管什么事情都要依赖他人，才能够自信地作出只属于自己的决定。

人生之中，任何人都不应该成为附属品，而应成为自己命运的主宰，成为人生的掌舵手，从而驾驭人生。

苍鹰之所以能够搏击长空，是因为它的翅膀强壮有力；我们之所以能够掌握人生，是因为我们坚强独立。所以感谢那些曾经抛弃过你的人吧，朋友们，因为正是他们给予了你掌控人生的机会。

感恩羞辱，让你巍然屹立

人生之中，每个人都想得到他人高看，而不愿意被他人鄙视。常言道，人活一张脸，树活一张皮，毕竟人活着就要爱惜自己的颜面。然而，人生不如意十之八九，很多时候，虽然我们怀着美好的憧憬和期望，但是却无法如愿以偿。那么，当遭受他人的羞辱时，我们到底该怎么做呢？有的年轻人血气方刚，选择和他人争吵一番，结果非但没有挽回颜面，反而因为双方都很冲动，导致事情更加恶化。有的人胆小怯懦，明知道对方的羞辱是故意为之，而且居心叵测，却一味地逃避畏缩，导致对方变本加厉。毫无疑问，任何形式的羞辱，不管是年轻人还是年老的人，也不管是男人还是女人，只要是有尊严的人，都会觉得无法忍受。在这种情况下，我们与其与他人激烈争辩，不如理智思考，从而找出最好的办法面对。

很多时候，只要我们摆正心态，端正态度，羞辱非但不是一种压迫，反而是一种动力。这种动力能够帮助我们更好地崛起，也能够使我们在逆境之中保持清醒和理智，不做出冲动的、让自己后悔万分的举动。古人云，一失足成千古恨，虽然冲动的后果未必那么严重，但是感恩羞辱，却可以让我们更圆满地解决问题，也能够增强我们的实力，让我们傲然屹立于世。

毫无疑问，人人都有趋利避害的本性，因而人人都喜欢听到赞美之词，而不愿意听到逆耳的忠言。然而，虽然赞美的话很好听，胜似甜言蜜语，却会使人昏头，根本不知道哪句话是真，哪句话是假，渐渐地也就变得麻木。正所谓忠言逆耳，虽然羞辱的话是从那些居心叵测的人嘴巴里说出来的，而且常常使我们觉得无地自容，但是无风不起浪，居心叵测的人也必须捕风捉影，才能把我们小小的缺点无限放大，使其成为攻击我们的武器。每当这时，我们一定要保持清醒理智，而不要被对方激怒。因为我们唯有把他人的羞辱作为对我们心灵的洗涤，保持清醒的头脑，才能更加信念坚定地朝着目标前进，绝不放弃。有的时候，他人的羞辱也恰恰如同敲响的警钟，在我们的心中涤荡，让我们的内心始终保持警醒。

韩信年少时因为不务正业、游手好闲，所以生活堪忧。有个为有钱人家洗衣服的老婆婆，看到韩信可怜，便经常接济他。有一次，韩信受到一群恶少的侮辱，其中有个屠夫还仗势欺人，让韩信从他的胯下爬过去。韩信自知自己势单力薄，根本不是那群人的对手，因而忍受了"胯下之辱"。从此之后，韩信奋发图强，发誓有朝一日要出人头地。最终，他获得了伟大的成就，但是他并没有记恨当年那个屠夫，而是非常感谢那个人当年的羞辱，让他成为今天的自己。为此，韩信给了那个人一个官位，也算以德报怨，提拔了那个人。

每个人在人生的道路上都不会是一帆风顺的，总有些别有用心的人，或者羞辱我们，或者打击我们，甚至还会无情地伤害我们。然而，这样的羞辱只会让弱者沉沦，对于真正的强者而言，这样的羞辱只会激励他们奋发向上，努力改变自己的命运，从而让自己变得更加强大。所以，朋友们，再也不要因为其他人对我们"盖棺定论"就放弃我们的人生，而要勇敢地站起来，用我们的实力和能力向他们证明，我们是人生中真正的强者。

第 05 章

宝剑锋从磨砺出，走过艰辛你会变得更强大

玉不琢不成器，人如果不经过磨砺，也会变成温室里的花朵，经不起任何风吹雨打。所以，人生在世，难免要经历各种各样的坎坷艰辛，也要遭遇形形色色的磨难，才能走过艰辛，走过风雨泥泞，让自己变得更加强大。

折磨，拓宽了生命

人生，是一场没有归途的旅程，只有单程票，而且目的地未知。我们每个人都不可能知道生命到底何时会终止，因此我们无法控制生命的长度；但是我们可以控制生命的宽度，那就是拓宽生命。如果说人生是以面积计算的长方形，那么既然我们无法决定长方形的长度，就应该延长长方形的宽度，这样一来，长方形的面积也可以增大。这就是拓宽生命的宽度。它能够让我们的生命变得更有意义，更加充实而厚重。

很多人都希望自己的人生能够一帆风顺，绝没有任何坎坷与挫折。实际上，绝对顺利的人生是根本不存在的，而且绝对顺利的人生也会显得轻飘飘的，承受不起生命的重量。在这种情况下，我们完全没有必要因为折磨的存在而感到沮丧或者绝望。因为折磨是我们生命的养分，唯有经历过折磨的洗礼，我们的人生才会变得更加从容坦然，才能经得起大风大浪。

很多时候，我们羡慕他人的成就和成功的光环，殊不知，台上一分钟，台下十年功，有的时候人前的风光，都是在背后用尽无数的泪水和汗水才换来的。所以，不要觉得他人总是好运相随，得到命运的青睐，才会不管做什么事情都非常顺利。实际上，成功从来不会从天而降，每个人的成功都是通过勤奋努力，甚至历经磨难才得到的。还记得那个画出向日葵的伟大作家吗？实际上，在他的有生之年，他的作品根本没有得到认可，直到他去世之后，他的作品才得到人们的认可，才卖出天价。古今中外，每一个伟大人物的成就背后，都是无数的泪水和汗水，也是坚持不懈地付出和努力。

常言道，人生苦短，岁月根本经不起我们的蹉跎。因而对于人生，我们应该赶早不赶晚，更要在饱受磨难的路上坚持前行，勇于攀登，这样才能最终达到人生成功的高峰。

韩国前总统李明博，早在参与竞选总统之前，就有 353.8 亿韩元的财产。因而在韩国，很多人都尊称他为"打工皇帝""韩国传奇"。很多年轻人更是以李明博为自己的榜样，激励自己不断奋斗进取。也因此，李明博在所有韩国总统候选人中财力最为雄厚，更是被一些韩国媒体称为最富有的总统候选人。

其实，李明博年少时生活很艰难，家境贫寒。早在初中时，他就开始跟随父母做小生意，后来读大学期间他始终勤工俭学，甚至一度因为经济紧张不得不捡破烂维持生计。即便如此，李明博依然顽强不屈地读完大学，并获得工商管理学学士学位。

1965 年，24 岁的李明博大学毕业，进入韩国现代建设公司工作。作为一名最基层的员工，他凭着自己的勤奋和果敢，在职场上平步青云，获得快速晋升。1977 年，刚刚 36 岁的李明博成为现代集团的首席执行官，在此之前，从未有任何一届执行官比李明博更年轻。从此之后，李明博在职场上更是发展迅猛，也成为"薪水族神话"，缔造了普通工薪阶层在韩国企业奋斗的传奇。

李明博 66 岁生日那天，正是韩国总统进行选举的那一天。

这个韩国企业界的神话，摇身一变成为韩国政治的神话。从此之后，李明博彻底与现代集团分开，成为韩国总统，跨入韩国最高政治层面，人生也进入截然不同的天地。

从李明博传奇的一生我们不难看出，一个人哪怕一无所有，靠着捡破烂读完大学，只要他勇于奋斗，依旧能够改变命运，创造奇迹。很多人都把李明博的一生当成自己的目标，而李明博的自传更是被重印了 107 次。可想而知，这样一位富有传奇色彩的总统，在韩国人民的心目中占据着多么重要的位置。

当然，我们未必会拥有李明博那样的一生，但是作为普通人，我们一生之中却会和李明博一样遭遇各种各样的挫折与磨难。要想活出属于自己的精彩，要想让我们的人生更加坦然从容，我们就要微笑着面对折磨，因为正是各种各样的磨难赐予了我们的生命与众不同的意义。

迷惘时，牢记心的指引

很多人都曾经有过乘坐船只在大海上航行的经验，在为大海的辽阔无边而感到震惊的同时，他们也情不自禁地对大海的无边无际感到恐惧。的确，哪怕是再大的船只，一旦进入大海的怀抱，也会变得如同小小的婴儿一样无助。毕竟大海真的是太大了，大得看不到边，大得哪怕我们竭尽全力，如果不借助于特定的工具，也根本无法在大海上成功辨识方向。所以，每一个在大海上航行的人都会随身携带指南针，对于他们而言，指南针是和生命一样重要的东西，一旦失去，他们就会在茫茫的大海上迷路，最终葬身于大海。

那么人生呢？有的人说人生也如同一场航行，要想驶向人生的彼岸，要想成功奔向人生的目的地，我们也需要有指南针。当然，对于人生而言，所谓的指南针并非是真的指南针，而是我们心中对于自己的定位，是我们能够牢记初心，不忘自己最初的目标，始终不敢片刻松懈地奋勇向前。如果人生的海洋风平浪静，那么倒也还好；如果遭遇惊涛骇浪，那么我们很容易迷失方向。特别是当我们一次又一次遭遇挫折和磨难时，我们甚至会怀疑自己最初的努力是否有意义，也会质疑我们的人生到底要奔向何处。其实，越是在人生迷惘的时候，我们越是要牢记心的方向。很多人觉得自己的人生漫无目的，恰恰是因为忘却了初心。

时代发展至今，生活节奏越来越快，工作压力越来越大，面对纷繁复杂的世界，很多年轻人都会感到迷惘，也因为频繁遭遇挫折而不由得感到困惑。尤其是在残酷的现实面前，他们更是会质疑自己的梦想，怀疑自己坚持的东西是否正确。有些人因为急功近利，甚至会放弃自己的做人准则，或是自暴自弃，让自己彻底沉沦。然而与他们截然不同的是，也有很多年轻人很坚强，内心坚定不移，因而坚信只要坚持付出，就能得到进步和回报。

每到各种赛事时，我们都会看到运动员们在赛场上挥汗如雨，赢得金牌之后更是举世瞩目。然而我们不曾知道的是，这些运动员在比赛的背后付出了长久的努力和无数的血泪汗滴。很多人都对邓亚萍印象深刻，这个女孩身材矮小，却似乎全身蕴含着巨大的能量，因而不管遭受多少艰难坎坷，她都始终坚持。其实，邓亚萍最初并不被教练看好，教练甚至因为她的身高不够而拒收她，但是在父亲的坚持下，她还是进入体校，成为最默默无闻的那一个。邓亚萍小小的身躯里，有着一颗充满力量且绝不服输的心。她从小就梦想着自己有朝一日能够成为世界冠军，正是这个梦想督促和激励着她不断向前，向前，为了目标始终不遗余力。后来，这个年仅 13 岁的女孩竟然击败了世界女子冠军，创造了让世界都震惊的奇迹。

然而，命运并没有因此就宠爱邓亚萍。通常情况下，以邓亚萍的成绩，她是可以直接进入国家队的，但是她只进入了国家二队，也就是中国青年队。毫无疑问，她的身高再次给她带来了困扰，直到她在此后的一年里再次获得四次冠军和一次亚军，才历经艰难曲折地进入国家队。后来，这个身高只有 1.5 米的女孩最终成为世界乒乓球坛的女皇，受到了全世界的关注和瞩目。她曾经获得 4 次奥运会冠军，还获得了 14 次世界冠军。最终，邓亚萍成为一名非常优秀的乒乓选手，称霸世界乒乓球坛。

每个人对于自己的人生，都有一定的规划。人生的最终目标，就是我们心中的启明星，每当我们感到迷惘时，只要想一想这颗星星的方向，我们就能再次回到最初的轨迹，从而坚持不懈，顽强不屈。

常言道，书山有路勤为径，学海无涯苦作舟。要知道，这个世界上绝没有任何捷径能够通往成功，每一个人获得哪怕是小小的成功，也都是要付出很多的辛苦的。尤其作为新时代的年轻人，我们更要坚定不移地走好自己的人生之路，坚持人生的原则，坚守人生的底线，从而成就与众不同的自己。

每一个成功者都有自己的奋斗之路，因而他人的成功是不可复制的，但是大多数成功者有着相似的潜质，那就是勇敢不屈，绝不被自己打败。正如一首歌中所唱的，"他说风雨中这点痛算什么，擦干泪，不要怕，至少我们还有梦"。的确，心若在，梦就在，任何时候，我们心中都要怀有希望，牢记方向，这样才能事半功倍，在人生路上不断前进。

困难，使我们更无畏地获得成功

有位名人说，失败是成功之母，在经历 99 次失败之后，在第 100 次努力尝试时，我们就获得了成功。的确，无数成功的经验告诉我们，从没有一蹴而就的成功，任何成功，都要在经历数次失败之后，从失败之中汲取经验和教训，才更容易获得。然而，并非失败之后就一定会获得成功，更多的时候，我们虽然经历了失败，但是等待着我们的依旧是接踵而至的失败。这到底是为什么呢？从本质上来说，失败并非是成功的必要且充分条件，要想在失败之后获得成功，我们必须从失败中汲取经验和教训，而且要踩着失败作为阶梯不断攀登，才能最终得到成功的青睐。

很多人虽然也面对失败了，但是他们是被动地面对，而从未积极主动地面对。因为心态消极，他们也很难从失败中获得对成功有益的经验。所以，与其说从失败中获得成功，不如说我们要积极面对失败，从失败中获得进步，这样才能越来越接近成功。尤其是在面对困难时，不同的态度往往会使我们对于困难有不同的感悟和体验。要想战胜困难，我们就必须无所畏惧，勇敢地迎接困难，坚定不移地超越困难，这样才能突破自我，超越自我。

很久以前，有个农民赶着驴子去赶集，回家的时候已经很晚了，黑漆漆地看不到路。农民心里很着急，然而在经过田地时，他因为心急没注意看路，居然让驴子掉入一口枯井中了。枯井很深，农民心急如焚地对驴子展开营救，然而他尝试了几十次，还是没有成功地把驴子救出来。最终，农民无奈地放弃了。他决定先回家，毕竟夜深了，如果遇到野兽，后果一定会非常严重。而且，他还安慰自己：反正驴子也已经很老了，基本失去劳动力了，而且又不能杀了吃肉，还不如就让它死在这里呢！想到这里，农民就离开了。看着渐行渐远的主人，驴子在井底绝望地哀嚎着。

次日，农民想到驴子在枯井里一定会痛苦地饿死，因而决定去把驴子活埋了，这样就可以避免驴子遭受饿死的痛苦。为此，他喊来家里人一起扛起工具，都去掩埋驴子。看到主人又回来了，驴子原本很高兴，但是它很快就发现主人并不是回来救它的，而是来埋它的。驴子绝望地嘶鸣，农民和家人也加快进度，想要尽早消除驴子的痛苦。然而，过了足足好几分钟，驴子都没有再嘶鸣，农民以为驴子已经死了，便探头往枯井里看去，却发现聪明的驴子居然踩到他们扔进枯井的树枝、垃圾等东西上，越爬越高了。随着农民和家人扔到枯井里的东西越来越多，驴子居然踩着快要堆到井口的东西爬上来了。就这样，这只不服输的驴子最终救了自己的命。

如果驴子没有机灵地站到那些农民和家人扔到枯井里的东西上，一定会被掩埋，最终窒息而死。幸好这只驴子非常聪明，因而才能够不遗余力地展开自救，最终成功踩着那些东西爬上枯井，回到了美好的地面世界。人生在世，每个人也会遭遇各种各样的困难，有的时候甚至会和这头驴子一样身陷看似无法摆脱的绝境。这个时候，千万不要被所谓的困难吓倒，而是要把困难踩在脚底下，从而一步一步摆脱困境，最终战胜困难，获得自由。

在任何人的人生之中，困难绝不是平白无故出现的，而是为了我们的成功作准备，才出现在我们生命中的。所以朋友们，不要抱怨生命中有太多的困难横亘在我们面前，当我们逐个战胜这些困难，我们也就像是踩着台阶拾级而上，一定能够不断地提升和完善自我，最终获得成功。

生活中，那些头顶光环的成功者当然让我们羡慕，他们往往能够吸引更多人的注意，得到人们的赞赏和羡慕。然而，在看到成功光环时，我们也应该想到他们在人后付出了多少汗水，进行了多么长时间的坚持。只有从不被挫折和苦难吓倒的人，才能最终踩着失败的阶梯奋勇向前，才能演奏出最强音的人生乐章。

宝剑锋从磨砺出，梅花香自苦寒来

很多人都知道"不经历风雨怎能见彩虹"的道理，也知道"宝剑锋从磨砺出，梅花香自苦寒来"的人生警句，但是现实生活中真正知道在困境中超越自我、成就自我的人，却依然只占少数。大多数人对于人生中的磨难总是怀着排斥和抗拒的态度，他们不知道的是，只有磨难才能孕育成功，只要我们心怀希望，始终不放弃，那么我们就能获得梦寐以求的成功。

对于人生而言，希望就像一个钟摆，一刻也不停地在我们的心中摆动；希望也像是一首优美动人的歌曲，在我们的耳边和心中回响；希望更像是煦暖的春风，能够驱散我们心底的寒冷，使得我们感受到发自内心的温暖，这就是希望的力量。尤其是在人生的困境中，我们也唯有心怀希望，才能继续坚持下去，从而从人生的绝境进入人生的顺境。有的时候，在风雨飘摇中，在我们觉得人生无望时，希望的确非常遥远而且渺茫，但是这一切都不能阻止希望孕育成功，只要我们坚信希望能够实现，人生就会爆发出巨大的力量。

古今中外，大凡伟大的人物，都具有坚忍不拔的优秀品质，他们哪怕在绝望的境遇里，也能够始终心怀希望。诸如美国前总统林肯，就是一个心怀希望、绝不放弃的人。林肯 23 岁竞选州议员、24 岁做生意全都以失败而告终，尤其是生意上的失败更是使他身负巨额债务。27 岁那年，林肯的未婚妻突然去世，导致林肯精神崩溃，卧病在床。然而，这一切都没有打倒他，他始终心怀希望，觉得自己的人生一定能够获得成功。所以在休养生息之后，29 岁的林肯再次参加州议长竞选，此后迎接他的依然是一连串的打击。命运似乎不想让他喘口气，才会对他如此残酷，让他不停地与失败结缘。直到 51 岁那年，林肯终于成功当选美国总统，这么多年来，他坚持不懈的付出得到了回报。从此之后，他的人生进入新的天地，他在政治上的表现也非常出色，因而被誉为美国历史上最了不起的总统之一。如果不是因为心中始终燃着希望的火种，如果不是因为始终坚持不懈，林肯如何能够成为美国总统呢？如果他一受到折磨就彻底放弃了希望，更不再努力，那么他又如何能够不断提升自己，完善自己呢？所以说，唯有心怀希望，我们才能坚持做好伟大的事情，并成就自己与众不同的人生。

如今，诺贝尔奖是世界最高的奖项，很多科学家穷尽一生只为了得到专业领域的诺贝尔奖。然而，很多人不知道的是，诺贝尔作为世界上最伟大的化学家，为了进行科学实验，曾经失去了弟弟，失去了助手，也遭受着人们的不理解和非议。即便如此，他也没有放弃自己毕生的追求，而是坚持进行实验，最终发明了雷管，推动整个世界往前进了一大步。像诺贝尔这样的科学家并非属于某一个国家，而是属于全人类，因为他造福于全人类。

伟大的发明大王爱迪生，为了找到合适的材料做灯丝，尝试了1000多种材料，进行了6000多次实验。也就是说，爱迪生是在接受6000多次失败的打击之后，才获得成功，发现了当时最适合当灯丝的材料。如果他在6000多次试验中放弃了呢？那么整个人类得到光明的时代都要推迟到来。

看看这些科学家的经历，朋友们，你们是否觉得内心充满了希望、力量和勇气呢？任何情况下，我们都不能变得消沉，而要怀着越挫越勇的心态面对命运，接受命运的安排，并积极地迎接命运的挑战。只要我们心怀希望不放弃，只要我们对待坎坷逆境坦然坚强，我们就终将能够超越自我，也打破命运的囚牢，获得人生的腾飞。

归根结底，磨难和困境不是人生的终结，而是人生的训练场。当我们带着提高自身的心态与磨难和困境博弈时，我们会感受到越挫越勇的昂扬斗志，我们的人生也必然因此进入更美妙的境界。但是如果我们心怀愁苦，总是沮丧绝望地觉得自己终究会因为命运而被毁灭，那么我们的人生必然因此沉沦。所以，到底是从磨难和困境中得到成功，还是被失败纠缠，实际上取决于我们的心态。而正确的心态是什么，相信聪明的朋友们已经有了深刻的领悟。

勇敢地面对，才能战胜恐惧

每个人的内心深处，都有恐惧的影子。恐惧总是蜷缩在我们心灵的角落里蠢蠢欲动，而我们根本无法摆脱恐惧，因为恐惧是人的本能，也是人性的弱点。既然恐惧是理所当然地存在的，我们为何还要与心中的恐惧对抗，导致我们的内心更加恐惧不安呢？实际上，正确对待恐惧的方式是接纳恐惧，承认恐惧的存在，而不要试图抗拒和消除恐惧。正视恐惧，勇敢地面对恐惧，我们就能成功地说服自己不再害怕恐惧。就像很多癌症病人神奇地痊愈一样，其实并非癌细胞消失不见了，而是癌细胞和人体内的好细胞和谐共处，因而让身体实现了新的平衡。同样的道理，当我们的恐惧与我们内心积极向上的感情和谐共存时，我们就能获得心理上的平衡，从而不再因为恐惧影响自己，也不再因为恐惧而使自己的生活紧张不安。

人生之中，恐惧几乎无处不在。要想勇敢面对恐惧，我们就要知道自己害怕的到底是什么。例如，很多孩子害怕黑暗，因为他们不知道黑暗中是否有怪物。有的成人害怕社会暴乱，因而他们把自己变成套中人，甚至不敢出门。还有的人会害怕很多根本不存在或者尚且没有发生的事情，因而他们变得胆小怯懦、忧心忡忡，导致自己心神不安。在了解恐惧的原因之后，我们就要直面恐惧，如果我们一味地逃避和屈服于恐惧，我们就会被恐惧控制，导致人生变得畏缩。

一天下午，艾森豪威尔放学回家的时候，被一个年纪和他相仿的男孩追赶地不停地跑。那个男孩很强壮，因此有些瘦弱的艾森豪威尔不敢直接和对方打斗，只想赶紧逃开，离那个男孩远远的。

父亲看见艾森豪威尔跑得和兔子一样快，因而大喊道："嘿，你怎么了，被那个坏小子追得屁滚尿流？"艾森豪威尔委屈地说："他很强壮，我根本打不过他。而且，就算我打得过他，你也会狠狠揍我的！"父亲怒气冲冲地喊道："你这都是什么理论，根本原因就是你很胆怯。现在，回过头去，对着那个小子冲过去！"在父亲的鼓励下，艾森豪威尔变得勇敢起来，他不顾一切地掉头跑向那个男孩，看起来就像是要和那个男孩决一死战一样。那个男孩显然没有想到被自己追得四处乱窜的胆小鬼会突然反击，因而有些猝不及防，赶紧掉头逃跑。艾森豪威尔穷追不舍，直到把那个男孩推翻在地，恶狠狠地说："假如你再挑衅我，我一定会让你尝尝我拳头的味道！"果然，等到艾森豪威尔松开手，那个男孩爬起来就跑，连头都不敢回了。从此之后，艾森豪威尔知道了一个道理，即不管对手多么强大，只要我们战胜内心的恐惧，就一定能够战胜对手。

很多时候，困难和挑战其实并没有我们想象中那么大，只是因为我们的胆怯把它们放大了，而被放大的困难和挑战又激起了我们心中的恐惧，导致我们更加不敢面对一切。所以我们要想战胜心中的恐惧，首先要让自己的心变得勇敢。对于一颗勇敢的心而言，一切都是可以战胜，也是能够超越的。

美国前总统罗斯福曾经说过，任何事情都不值得我们恐惧，而唯一值得我们恐惧的只有恐惧本身而已。因为恐惧会占据我们的心灵，让我们所付出的一切努力都变得白费。罗斯福的这句名言迄今为止依然牢记在哈佛学子的心中，激励着他们不停地迎接人生的挑战和压力。作为美国历史上唯一连任四届的美国总统，也是美国历史上最伟大的总统之一，罗斯福的一生充满传奇色彩，激励人心。

朋友们，我们必须意识到，在我们追求成功的道路上，恐惧是我们唯一的阻碍。我们唯有战胜内心的恐惧，才能最大限度地发挥自身的能力和实力，才能成就最杰出的自己。记住，当我们不顾一切、勇敢地迈出通往成功的第一步时，恐惧就已经开始远离我们了。

真正的强者，从不畏惧风雨泥泞

走得太容易的路，一定是下坡路，而在上坡的过程中，我们总是要付出更多的辛苦和努力，才能一步一步不断进步，越来越接近成功。人生路上，每个人都希望自己的人生之路非常平顺平坦，但遗憾的是，现实的人生是很残酷的，我们很少能够一帆风顺、毫不费力地走下去，更多的时候，我们会遇到各种各样的困难和阻碍。强者因为这样的挑战而说服自己更加不遗余力，变得坚强；弱者则会使自信心受到严重的打击，导致自己对于人生失去信心，甚至彻底放弃在人生中的诸多努力。

不要抱怨人生之路多风雨和泥泞，只有弱者才幻想着能不费力气地做好一切。真正的强者，从来不畏惧人生的风风雨雨，因为他们知道，唯有在泥泞的道路上，才能获得更大的进步，也才能取得最终的成功。

不可否认的是，人与人之间真的是有差异的。例如，有的孩子非常擅长美术，有的孩子擅长语文，而有的孩子对于数字特别敏感。哪怕长大成人，这种差异也不会不复存在，而会在成长的过程中变得越来越明显。所以请不要因为别人的成功而对自己提出过高的要求，也不要因为别人在某些方面表现得不如自己就降低对自己的要求。任何情况下，我们需要比较的对象都是我们自身，而不是任何其他人。我们比较的标准也是昨日的自己，而不是任何成功者或者失败者。我们无须妒忌那些比我们强太多的人，也无须看不起那些不如我们的人，要知道，尺有所短，寸有所长，我们唯有正视自身的缺点和优点，才能取长补短、扬长避短，最终让自己更加趋于完美。

朋友们，要记住，人生之中没有不劳而获。任何小小的收获和成就，都需要我们付出汗水、泪水，甚至是流血才能得到。那些运动员之所以能够为国争光，举世瞩目，是因为他们从很小的时候就开始刻苦锻炼。当其他孩子在父母的呵护下尽情享受美好的童年时光时，当其他孩子在父母无微不至的照顾下吃好喝好时，他们也许正在流血流泪，也在克制自己不能只顾着口腹之欲，而对于强健的身材有所不利。如今，因为生活水平大幅提高，很多人都变得肥胖。他们羡慕其他人的好身材，却不知道其他人为了保持身材从来不敢放纵自己吃太多，更不敢吃那些美味的蛋糕和甜点。所以，一分耕耘一分收获，命运任何时候都是公平的。我们也不要抱怨自己得到的太少，而要经常问问自己到底付出了多少。

只要我们心怀感激，坦然接纳命运的磨难，尽管我们的人生很曲折，但是我们会在磨难中得到更多的成长，我们的心灵也会变得更加充实、丰厚。怀着这样的心态坦然迎接人生的磨难和历练，我们才能变得更加积极乐观，哪怕面对痛苦，也能够获得成长，感悟到痛苦对于生命独特的意义。这样一来，我们才能走好人生的泥泞之路，悦纳人生，享受人生。

你永远不是最倒霉的那一个

常言道，幸福的家庭都是相似的，不幸的家庭却各有各的不幸。我们要说，幸福的人生大抵相似，但是不幸的人生却有大的不同。很多时候，我们误以为自己就是最艰难的，殊不知这个世界上还有很多人比我们更艰难。曾经一个没有脚的人感到非常沮丧绝望，对人生也失去信心，但是他有一天突然遇到一个没有腿的人，这才猛然醒悟自己并不是世界上最倒霉的那一个。的确，你永远也不是最倒霉的那一个，所以不要沮丧绝望，而要相信每个人都各有各的不幸，谁也无法预料人生终究会走到什么地方，或者是看到怎样的风景。在面对不幸的时候，只要我们能够更加坦然从容，积极乐观，那么我们就会看到上帝在为我们关上一扇门之后，同时为我们打开了一扇窗户。也许上帝剥夺了你健康的身体，却让你感受到来自亲人和朋友的真情；也许上帝没有给你财富，却让你四肢健全，头脑灵活。中国也有句俗话，叫作情场失意，牌场得意。当然，这并非让那些失恋的人都去打牌，而是告诉人们凡事不可两全其美，我们要在失意的时候学会平衡自己的内心。

现代社会，毋庸置疑，生存压力越来越大，因而很多年轻人都会抱怨命运不公，也会因为在生活和工作中的发展不如意而哀叹不已。殊不知，和那些更不幸的人相比，我们拥有很多，也得到了命运的馈赠，所以不要抱怨，因为我们并不是那个最不幸的人。一旦想到这个世界上还有很多人比我们更加悲惨，我们也就不再愤愤不平，而是能够鼓起勇气面对人生的种种磨难。在我们的坚持中，相信天上的阴霾终会散尽，阳光依然会普照大地，带给我们温暖和明媚的心情。

从本质上而言，任何不幸都不是最不幸，而唯有当我们觉得自己就是世界上最不幸的那个人时，才是真正的不幸。因为一旦我们把自己当成最不幸的那个人，我们就会充满怨愤不平，甚至对生命绝望。毋庸置疑，现实生活总是不能使我们完全满意。但是哪怕处于人生的低潮时期，我们也要摆正心态，从而坚持自我，不忘初心，朝着自己最初的方向奋发和努力。大文豪莎士比亚曾经对一个刚刚成为孤儿的孩子说："你很幸运，因为你被不幸选中了"。莎士比亚之所以这么说，是因为对于每个人而言，不幸都是人生的学校，都是人生之中不可或缺的生命历程和体验。孩子对于莎士比亚的话似懂非懂，然而生命的历练最终使他成为举世闻名的物理学家，也让他比那些幸运地拥有父母疼爱的孩子做出了更大的成就。他就是英国剑桥大学的曾任校长——杰克·詹姆士。在不幸的命运之中，他成功地赢得了命运的眷顾，做出了伟大的事业。

幸福的人生都是相似的，尽管通往成功的道路各不相同。但是不幸的人却各有各的不幸。我们的生命因为不幸而变得更加厚重，我们的未来也因为不幸变得触手可及。如果一个人不曾失去，就不会懂得珍惜拥有；如果一个人不曾心痛，更不会知道快乐的滋味。所以，年轻的朋友们，从现在开始，再也不要因为人生中的各种不幸而悲伤绝望了，只要我们始终心怀希望，我们就能从不幸的阴霾中看到希望，也就能够从幸福快乐之中体验到生命的真谛。对于任何人而言，最大的不幸就是始终被不幸的阴云笼罩着，而不知道撇开乌云见天日。此时此刻，我们最应该做的就是把不幸转化为幸运，也让我们人生之中的每一天都能阳光灿烂！

第 06 章

在工作中为难过你的人，都是帮助你成长的人

现代社会，生活节奏越来越快，工作压力越来越大，很多职场人士都感到心力交瘁。他们不但要面对职场上日益激烈的竞争，更要处理好职场上复杂的人际关系，因而更觉得身心俱疲。其实，如果我们能够换一个角度看待问题，就会发现那些在工作中折磨过我们的人，都是缔造我们的人。所以别生气，感谢那些人吧，朋友们，因为他们也是我们人生中不可或缺的重要人物。

超越自我，战胜工作中的折磨

　　人在职场，几乎每个人都曾经遇到过那些折磨我们的人。实际上，他们折磨我们也并非都是出于恶意，有很多时候他们也可能是无心之举，毕竟职场上明枪暗箭，偶有误伤也是在所难免。因而我们必须学会超越自我，才能战胜工作中的折磨，才能坦然面对那些借助于职务便利故意折磨我们的人。所谓退一步海阔天空，大概就是指我们要心远天地宽。

　　现代职场，要想找到快乐工作的人很难；相反，几乎每个人都在抱怨工作非常辛苦，也在抱怨上司和同事完全不通人情，把自己当成机器一样使唤。殊不知，唯有折磨你的人，才能帮助你不断超越自我，哪怕他们说的话很难听，或者是一针见血地指出我们的错误，甚至他们对于你只有恶意，但是他们偏偏无心插柳柳成荫，反而成就了你。

　　其实，如果一个人无法改变这个世界，那么就要学会改变自己，以适应这个世界。毕竟，生活从来不会以我们的意愿为转移，哪怕我们再怎么奢求，我们也不可能成为整个宇宙的中心。在这种情况下，我们与其自寻烦恼，不如从容接受。退一步而言，哪怕现在我们工作的地方就是我们自己创办的企业，我们也不可能完全做到顺心如意。与其说一个人的能力和实力决定了他的发展，不如说只有他对自己的把控才能帮助他成功战胜自我、超越自我，同时令他对工作中的一切折磨人的人与事情都视为等闲。这样的人才能在工作中如鱼得水，才能在职业生涯的发展中更加顺心如意。

作为名牌大学的高才生，王强对于自己毕业后被分配的研究员工作感到很无奈。毕竟他是好男儿志在四方，根本不想每天只在办公室里埋头整理各种文件和资料。后来，一个偶然的机会，一个钻井队来到他们的研究所，要找懂得理论的专家作为他们的指导人员。借着这个机会，王强理所当然地主动申请要去钻井队。进入钻井队的第一天，他就接到了一个特殊的任务。领导让他把一个盒子送到高达几十米的钻井架上，给钻井队的领队。然而，让王强很惊讶的是，当他气喘吁吁地把盒子送到之后，领队根本没有打开盒子，而只是在盒子上签名，就让王强再火速把盒子送回给领导。

原本王强还百思不得其解，然而等到他看到领导在盒子上也签了个名字，就让他再次爬上几十米高的钻井台把盒子给领队时，他的心中有了愤怒的火苗。他强行压制住心中的怒火，再次冒着炎热的大太阳，从滚烫的铁架子上爬上钻井台。等到达钻井台时，他几乎要虚脱了，因为他根本不知道任务有多紧急，所以只能竭尽全力。然而，领队只是不以为然地打开盒子，王强这才发现盒子里只有一瓶咖啡和一瓶咖啡伴侣。领队拿出咖啡开始冲泡，全然无视王强愤怒的眼神。等到咖啡泡好了，领队请王强喝一杯，王强却生气地一下子打翻了咖啡。就这样，王强没有通过来到钻井台第一天的测试，他不得不打道回府，再回去研究所继续从事枯燥乏味的工作。

原来，领导和领队并非在故意刁难或者耍弄王强，而是王强
理解错了他们的意思。

在钻井平台上，危险随时随地都有可能发生，很多时候，在
极端的情况下，从业人员必须能够承担巨大的压力才能解决问题。
而抗压能力以及抵抗挫折的能力就是对平台工作人员最基本的要
求。虽然王强在理论上很有实力，但是他的愤怒使得他最终失去
了留在平台继续工作的资格。

不管怎么说，职场都不是我们的家，虽然职场上的领导和同
事与我们是友好合作的关系，但是在很多特殊的情况下也会存在
竞争关系。因而我们永远也不要奢望在职场上能得到无微不至的
关心和照顾，更不要奢望得到他人的理解和爱护。

同事关系其实是非常微妙的人际关系，既不像朋友一样肝胆
相照，又不像陌生人一样可以公事公办，我们必须把握和拿捏得
恰到好处，才能把同事关系发展好，让同事关系为我们的工作创
造便利条件。所以，人在职场，不管遇到怎样的折磨，哪怕是遭
遇不公正的待遇，我们都要忍气吞声，正所谓忍得一时之气，未
来才能海阔天空。尤其是对于初入职场的新人而言，即使遭遇无
厘头的折磨，也不要轻易冲动或者陷入愤怒之中，唯有保持清醒
和理智，我们才能作出最正确的抉择，才能争取到机会以实力为
自己代言。

要知道，任何单位，任何领导，都不可能愿意接受一个脾气
比能力更大的人。所以，夹起尾巴做人对于职场新人而言不失为
一个好的选择。

学会忍耐，你才能成为强者

人生不可能永远是一帆风顺的，尤其是当我们对命运有太多的奢望时，我们往往会发现命运似乎故意和我们作对一样，总是恨不得弄垮我们，或者是让我们无所适从。很多时候，命运的确能够得逞，我们面对命运的折磨总是感到很无奈，更不知道如何反击。然而，难道我们就要这样束手就擒吗？当然不是。每当这时，我们最好的选择不是以卵击石，也不是一味地逃避，而是要忍耐。

没错，就是忍耐。在人生之中，很多糟糕的结果之所以出现，就是因为我们缺乏忍耐的精神，也没有足够的定力面对他人的恶意挑衅和伤害。其实，很多伟大的人物之所以有所成就，就是因为他们很擅长忍耐。例如，美国前总统林肯，每当生气的时候，他从来不会凭着冲动的本能行事，而是会先写一封信，在信上怒骂那个让自己陷入被动的人；但是在这封信写好之后，他并不会寄出去，而是把信撕毁。每每到了这个时候，他心中的怒气基本也就发泄出来了，所以他可以马上心平气和地继续写信，这封信才是真正要寄给当事人的。凭借着这种发泄怒气、忍耐怒气的能力，林肯才得以将总统做得更好，也才能取得举世瞩目的成就。

有谁的人生会是一帆风顺的呢？当然没有。每个人在生活中都会遇到各种各样的不愉快，这些不如意的事情往往会激发我们的负面情绪，使得我们的精神状态也变得不那么稳定。每当这时，就像是十字路口亮起红灯，我们一定要警示自己不能冲动，而要保持理智和平静。所谓忍一时风平浪静，如果在该忍的时候不能忍，而是任由自己的情绪肆虐，做出让自己追悔莫及的事情，那么最终的结果也许就是无法收场了。现实生活中，激情杀人或者冲动杀人的案例并不在少数，所以我们更应该时刻牢记"忍耐"二字，把这两个字印刻在自己的心里，时刻都要做到退一步海阔天空。要知道，很多事情一旦发生是根本没有回旋余地的，尤其是那些会造成严重后果的事情，更会彻底改变我们的命运。因而朋友们，在冲动面前千万不要怀着侥幸心理，而要严防死守，不要轻易让情绪决堤，更不要任由情绪肆虐，给我们的人生带来恶劣的影响。

现代社会竞争非常激烈，不但成人常常在职场上拼得你死我活，就连小小的孩子也为了不输在起跑线上而每天有上不完的课外班、兴趣班和辅导班等。在忙碌的同时，我们不禁扪心自问：这个时代到底怎么了？毋庸置疑，这个时代变得越来越浮躁，但是我们的心不能浮躁，唯有始终保持清醒和理智，按照自己的节奏去生活，才能活得更加从容洒脱，才能在人生之中得到好的结果。

人是万物的灵长，在整个大自然中，人类是最富有智慧的。正因为如此，我们更要学会忍耐，让自己区别于动物。很多时候，生活犹如在大海中航行，哪怕不小心遇到一个浪头，都有可能使我们的人生之舟倾覆。在这种情况下，小心行得万年船，我们唯有保持清醒，不慌不躁，才能以不变应万变，才能成为一个合格的好舵手。当然需要注意的是，所谓的忍耐，和胆小怯懦根本不是一码事。胆小怯懦是因为恐惧，所以选择畏首畏尾。但是忍耐呢，忍耐的人心中并不畏惧，而只是为了让事情有好的结果，或者是为了与他人搞好关系，才选择暂时的隐忍。因此忍耐并非是软弱怯懦，也不是胆小退缩，更不是背叛自己，而是以退为进的高明策略，是人际相处的首要原则，也是人生获得成功的必经之路。

然而，随着独生子女一代的成长，如今的职场上以20世纪七八十年代出生的人为主力。他们是社会的中坚力量，是职场的顶梁柱，却因为从小生活在独生子女家庭中，很少有良好的忍耐精神。为此，现代职场剑拔弩张也就不足为奇了。既然知道问题的所在，那么，不管是作为普通的职员，还是作为公司的管理者，我们都要更加深刻地反省自己，从而有的放矢，让自己变得更具有忍耐精神。古人云，以不变应万变，实际上，忍耐就是以静制动，也是能够应对一切问题的万全之策。

中国自古以来就崇尚儒家学说、道家学说，其实儒家和道家都是主张忍耐的。人生的道路从来不会一帆风顺，每个人在人生的道路上都会遭遇各种各样的磨难，更有可能因为命运多舛而轻易放弃。殊不知，忍耐的人更有坚韧不拔的精神，他们尽可以默默无闻地忍耐，从来都不会轻易放弃。从这个角度而言，忍耐更像是一种获得成功的手段，因为在忍耐的过程中，人们能够找到新的平衡点，从而使自己的人生更加从容。

所谓百炼成钢，人生实际上就是十年磨一剑，有的时候甚至需要花费几十年的光阴，才能真正做好一件或者几件事情。而忍耐，恰恰就是人生的磨刀石，也是淬炼宝剑的熔炉。朋友们，再也不要因为一时冲动就被蒙蔽眼睛，而要努力修炼自己的心性，让自己的心在淡定平和中变得更加清明。古人云，宠辱不惊，闲看庭前花开花落；去留无意，漫随天外云卷云舒。对于人生，我们也许不能达到不以物喜、不以己悲的至高境界，但是却可以让自己学会忍耐，如此，就算面对人生的风雨泥泞或者遭遇人生的重大打击和挫折，我们也能坦然相对，绝不惊慌失措。

理解老板，让你离当老板更进一步

在职场上走一圈，几乎每一个职员都会在心中或口中抱怨自己的老板，更有甚者还会愤愤不平地诅咒和咒骂老板。要知道，对于职场人士而言，老板可是给我们发薪水的人啊，为何对老板有这么大的意见呢？虽然老板常常自诩和员工是同一条船上的人，但是大多数员工可不这么想。相反，在他们心目中，总是安排他们加班而又不愿意多付他们薪水的老板，就像是当代"周扒皮"一样可恶。员工之所以不理解老板，一则是因为老板的确苛刻，二则也是因为作为员工，他们总是站在自身的角度上，根本无法完全理解老板。

实际上，人是这个世界上最主观的，看待问题时，很多人不由分说地就从自己的角度出发，而思维的局限又使得他们根本无法理解他人的想法和做法。在这种情况下，如果与之交往的人都是彻头彻尾的主观主义者，那么他们最终一定会渐行渐远，到最后也许连话都说不到一起去了。矛盾恰恰在这里，虽然人是主观主义的代言人，但是又要和他人搞好关系，这就要求人们必须尽量撇开主观，从而尽量客观地理解他人。尤其是在和老板相处的过程中，所谓胳膊拧不过大腿，如果员工拿着老板发的工资，却时时刻刻与老板作对，甚至挑剔和苛责老板，说老板的坏话，那么最终的结果就是卷铺盖走人。现代职场工作很难找，相信每一个还没有主动辞职的员工都不想落得这样的下场吧！所以，要想让自己的工作更加顺利，就要理解老板，与老板搞好关系。

从另一个角度而言，很多打工者都梦想着有朝一日自己也能成为老板，那么就更要理解老板，因为唯有理解和体谅老板的员工，将来才有可能成为一个好老板。不得不说，现代社会各行各业竞争都非常激烈，老板要想让自己的企业获得好的发展，更是肩负着艰巨的使命和任务。如果说员工只需要做好自己的本职工作，那么老板则要从全盘考虑，不但要保证公司盈利，更要保证每一位员工都能按时拿到养家糊口的薪水。所以作为聪明的员工，我们千万不能在工作中轻视老板。

通常情况下，员工轻视老板的情况分为以下两种。一种情况是，有的员工处于事业的低谷，不管做什么工作都无法做到最好，因而总是被老板批评，渐渐地就会对老板心怀怨恨，也会对老板心生不满，因而正话反说，反而指责起老板的诸多不是来。另一种情况是，有的员工能力很强，而且在很多小公司，员工更是从公司创立开始就追随老板。随着公司不断发展壮大，他们未免自觉"功高盖主"，于是渐渐地对老板不以为然起来。这两种情况下，不管出于哪种原因，员工藐视老板，都是不可取的。

从公司利益的角度而言，老板与员工的确是一条战线上的盟友。正如歌里唱的，有国才有家。对于员工而言，也是有了公司，才有他们的生存空间，才能让他们有机会为了改变人生境遇而努力。所以一个合格的员工，只要不想离开公司，就要与老板站在同一条战线上一起努力。

除此之外，还有些员工看到老板生活得安逸舒适，每天只是来公司转一圈就能坐享最大的利益，因而心中很不平衡。殊不知，你眼下看到的老板的安逸，也许是老板此前用非常多的努力才换来的。

而且，老板之所以能够成为老板，或者是投入了资金，或者是有过人之处，总而言之一定是非同寻常的。也许我们眼下觉得当老板是最容易的事情，但是真正当我们自己做老板时，却又束手无策，根本不知道如何才能管理好一家公司。

所以，作为公司的员工，我们千万不要眼高手低，更不要觉得当老板是件轻松惬意的事情。当老板整夜因为公司的发展和出路而愁得睡不着觉时，你已经安安稳稳地拿到了属于自己的那份薪水，老婆孩子热炕头了。当老板因为陪着客户应酬而喝酒喝得胃出血时，他不会告诉全公司他的状况，只会找个借口少来公司几天，让自己在医院接受治疗。你更不会知道，老板为了让公司正常运转，甚至把自己居住的房子和正在开着的车子都抵押出去了。所以如果一个人不在特定的位置上，哪怕再怎么设身处地，也不可能真正了解他人的苦衷。

所以，朋友们，体谅你看似光鲜亮丽、高高在上的老板吧！当你心甘情愿接受老板的折磨时，你会发现自己已经更加飞速地成长起来，甚至很快就能独当一面，也距离自己当老板更近了一步！

顾客是上帝，你是天使

　　很多从事销售行业的人都知道，顾客就是上帝。因而对于他们而言，为上帝服务也就是一切工作的重中之重，换言之，唯有把上帝服务好了，才能达成交易，才能在工作上有出色的表现。然而，顾客作为上帝，并不像真正的上帝那样心怀仁厚，宽容仁慈，每个顾客都有着自己的脾气秉性，对待销售人员时也是八仙过海，各显神通。例如，有的顾客疑心很重，因而他们从来不相信销售人员，却又要咨询销售人员。听到自己说出的每句话都遭到上帝的质疑，对于销售人员而言真的是残忍的折磨。有的顾客特别容易信任他人，也因此他们非常信任销售人员，甚至把本不应该由销售人员承担的责任也交到销售人员的肩上。不得不说，此时的销售人员真的是压力山大，比自己要买东西更紧张，因为这个世界上唯独爱和信任不可辜负。

　　总而言之，千人千性，正如一千个人眼中就有一千个哈姆雷特一样，一千个销售人员眼中也有一千个顾客，同样的，一千个顾客眼中也有一千个截然不同的销售。看到这里，读者朋友们未免觉得有些头晕目眩，接二连三的一千个，销售人员与顾客之间的关系到底有多么复杂啊？对于销售人员来说，哪怕被顾客虐一千遍，也要把顾客作为自己的初恋一样去爱，作为自己的上帝一样去信奉，这样的要求当然不低。

　　人们常说，这个世界上没有无缘无故的爱，也没有无缘无故的恨。面对顾客花样百出的折磨，我们要想成功推销自己的业务，就要忍受这样的折磨，而且甘之如饴。当真正经历过一个非常难

缠的顾客之后，我们就会发现再对待其他顾客时会轻松很多。这
也难怪，搞定那些难缠的顾客，我们就像是从高大上的名牌大学
毕业了，还怕未来在职业生涯中会被那些小儿科难倒吗？当我们
以考100分的能力去考60分，其中的轻松是可以预见的。所以
我们不要因为顾客的难缠而烦恼。

对待顾客，就像是谈恋爱。假如我们把顾客当成我们心爱的
人，那么哪怕他们有很多缺点，我们也是可以以包容的心接纳他
们的。相反，假如我们把顾客当成仇人，那么哪怕顾客再好，我
们也会因为斤斤计较而对他们不是那么满意。所谓情人眼里出西
施，我们只有把顾客当成自己的初恋，才能更好地认可和欣赏顾
客，也因而得到顾客同样的对待和尊重。所以，朋友们，不要再
把顾客的折磨当成不可忍受的，而要把顾客当成自己的一所学校，
要在与顾客沟通的过程中，更好地感受顾客的心意，满足顾客的
要求。其实我们不如退一步来想，好搞定的顾客尽管可以省事，
却无法提升我们的能力。而人生，恰恰是在解决一个又一个难题
的过程中才得以进步的。所以给自己一些带有挑战性的难题吧，
要相信自己的实力。

作为如今世界知名的体育用品公司的创始人，阿迪正是因为
不断努力和创新，才能为全世界的运动员提供最好的产品。其实，
阿迪的父亲原本是靠着祖传的制鞋手艺做鞋的，他一生勤勤恳恳，
任劳任怨，才能养活全家人。阿迪兄弟从很小的时候就帮父亲的
忙，后来他们偶然分期付款得到一家店，从此掀开了人生的新篇
章。为了解决资金问题，他们不得不使用父亲的旧机器。然而，
历经艰苦和磨难之后，制鞋店终于成立了。最初，由于设备限制，

他们只能生产拖鞋，又因为款式不够时兴，他们的生意很不好。然而，一时的困境没有吓倒阿迪兄弟，他们反而竭尽全力走出困境。

很快，头脑灵活的阿迪兄弟就意识到必须创新才能得到市场的认可。为了准确定位市场，他们进行了详尽的市场调研。最终，他们把消费群体锁定在普通消费者身上，致力于为普通消费者生产出结实耐穿、合脚舒适的鞋子。后来，喜欢运动的阿迪兄弟把目光锁定在体育用品上，接下来，他们就开始大张旗鼓地进行生产。遗憾的是，阿迪兄弟设计出的新跑鞋没有得到顾客的认可，这并不全是因为鞋子的问题，也因为人们觉得阿迪兄弟太年轻了。为了让附近的居民认可自己，阿迪兄弟想出免费试穿的方法，把鞋子免费送给附近的居民穿。在经过漫长的等待之后，终于有顾客告诉阿迪兄弟，他们的鞋子很好。就这样，顾客接踵而至，那些免费试穿的顾客全都来订购鞋子，而且把试穿鞋子的体验告诉身边的亲戚朋友。渐渐地，阿迪兄弟的鞋子得到了更多人的认可，并且畅销不止。后来，阿迪兄弟扩大生产，鞋厂的发展也越来越好。

顾客的满意，是所有企业和销售人员毕生的追求。因为企业唯有得到顾客的满意，才能令其产品畅销，而销售人员唯有让顾客满意，才能最终与顾客达成交易。有人说销售行业是这个世界上最难的行业，的确，销售是与人打交道，是与作为上帝的顾客打交道。尤其是当面对苛刻的顾客时，我们简直如临大敌，要使出浑身解数，才能让顾客满意。

如果现在的你还在抱怨顾客的挑剔和苛刻，那么就请赶快结束抱怨吧，因为抱怨并不能使你从顾客这所学校里毕业，唯有想方设法地令顾客满意，你的工作才能进展得更加顺利。当你成功地把折磨你的顾客变成真正的上帝，而把自己变成能够让上帝满意的天使时，你才算是一名真正合格且成功的销售员。

对手代表你的实力，请尊重对手

有人说，看一个人的底牌，看他的朋友；看一个人的实力，看他的对手。这句话非常有道理。所谓"物以类聚，人以群分"，通常情况下，只有脾气秉性相投的人，才会走到一起，成为志同道合的朋友；而只有实力相当的人，才会把彼此当成对手，展开竞争。从这个角度而言，对手的确代表着我们的实力。我们可以与对手展开良性的竞争，但是不要无故贬低对手，因为贬低对手也就相当于贬低我们自己。真正明智的人，会尊重自己的对手，而且会与对手展开公平公正的竞争，而不会为了战胜对手不择手段，降低自己的身价。

现代社会，合作已经成为人们的共识，很多人都意识到唯有双赢，合作才能长久。大家也都认可了一个道理，即这个世界上没有永远的敌人，只有永远的利益。然而，在谈起对手的时候，人们远远不如谈起合作伙伴更加和平友好；他们总觉得对手见面，分外眼红，和对手PK，目的就是要分出个高下来。实际上，我们既需要合作伙伴，也需要对手。

如果说合作伙伴能够增强我们的实力，那么对手则能够促使我们不断提升和完善自我，从而让自己更加有把握战胜对手。在此过程中，对手给予的压力会驱散我们心中的懈怠，让我们如同打了鸡血一般不知疲倦，因为我们心中有着坚定的信念，那就是战胜我们的对手，获得真正的成功。

然而，很多人对待对手的态度都错了。殊不知，高处不胜寒，如果一个人没有对手，尤其是一个强者没有对手，那才是莫大的悲哀。归根结底，对手是我们进步的标杆，随着我们自身实力的不断增强，我们的对手也会水涨船高，水平越来越高。所以，我们唯有理智地对待对手，才能客观认识自身，也才能不遗余力地督促自己成长起来。记得在金庸笔下，有位绝世高手，名为"独孤求败"。从这简单的四个字中，不难看出没有对手的人生是多么孤独寂寞，多么的无奈和凄凉。因而朋友们，请珍惜我们的对手吧，也许今日我们还在因为对手而烦恼，明日我们就会发现对手其实是我们的良师益友，始终陪伴在我们身边，和我们共同成长。

现代社会，不管是一个行业还是一家企业，抑或是一个人，都需要对手的存在，才能变得更加生机勃勃。哪怕面对强劲的对手，我们也无须觉得惊慌。毕竟人的潜力是无穷的，我们有着很大的发展空间。尤其是当强劲的对手使我们觉得危机四伏时，我们的精神一定不会再懈怠，而是时刻保持紧绷的状态。我们原本倦怠的身体也不会再感到疲劳，相反，我们觉得精神抖擞，思维敏捷。

有的时候，对手和敌人也是很像的，甚至是可以互相转化的。当我们怀着欣赏的态度对待和我们实力相当的敌人时，他们很有可能成为我们的对手。当我们心思狭隘，恨不得马上置对手于死地时，那么对手也会成为我们的天敌。所以我们必须端正心态，不管是对对手还是对敌人，都要始终保持理智和冷静。与此同时，我们也要成为自身的主宰，驾驶命运之舵载着自己扬帆起航。喜欢看武侠小说的朋友会发现，越是在敌人和对手林立的情况下，越是能够培养出绝世高手，因为他们每时每刻都在奋发进取，丝毫不敢懈怠。人生就是在这样的过程中不断进步的，我们也要在这样的氛围中端正态度，从而坚持进取，决不退缩。朋友们，善待你们的对手吧，一个真正的对手最终会成就你，甚至把你送到至高无上的领奖台上！

不被虚荣心作祟，才能战胜对手

当你变得思想狭隘、目光短浅时，你一定会把对手作为自己最大的敌人，甚至不惜怀着决一死战的心，要与对手拼个你死我活。然而，当你荣耀加身的那一刻，你不应该只想着帮助和支持你的亲人与朋友，更要想着感谢你的对手。因为正是有了他的存在，你才始终保持着警惕，从未放弃努力。可以说，对手既是你的威胁，也是促使你进步的伟大力量，更是帮助你最终获得成功不可或缺的角色。假如我们能够不再因为爱面子，不再为了与对手一争高下与对手较量，而是能够和对手握手言和，承认对手对于我们的重要意义，那么相信我们最终会与对手走到一起，成为同一个战壕的朋友，甚至是合作的伙伴。

人在职场，很多时候同行都是冤家，越是同行之间，越是存在激烈的竞争关系。有的时候，哪怕在同一家公司，同为销售人员，也因为彼此之间存在竞争关系，导致同事关系紧张。然而，强有力的同事最终会使我们实现更快速的成长，越是在一山不容二虎的激烈竞争环境中，越是能够激发我们的潜能和斗志，让我们变得神思敏捷、斗志昂扬。那么，如果强强联合，是否会更好呢？在讲究合作的今天，很多行业之间，甚至是个人之间，都转化思路，不再与实力相当的对手拼得你死我活，而是能够做到理智对待竞争，争取强强联合，最终实现双赢，也实现利益的最大化。

这个小镇很小，只有1000多人。为此，小镇上之前没有便利店，人们如果要买东西，都要去几里地外那个相对较大的镇。虽然路途不远，但是如果遇到刮风下雨的天气，终究还是不太方便的。后来，镇子里的乔治决定开一家便利店。原本乔治是想为邻居们提供便利，没想到独门生意很好做，他的生意越来越火爆，虽然本小利薄，却风生水起。

后来，镇子里来了一个外来户——约翰一家。约翰买下了乔治家对面的房子，看到乔治生意这么好，居然也动起了开便利店的心思。这可是明摆着要和乔治抢生意啊，乔治不乐意了。眼看着约翰开始装修房子，而且四处做广告散布消息，说自己也要开便利店，乔治更加生气，每天都皱着眉头，盯着约翰的房子，恨不得眼睛里能喷出火来，把约翰的房子烧毁。然而，约翰的装修已经进入尾声，而且开始进货了。看到乔治心急如焚的样子，妻子劝说乔治："谁都可以在这条街上开便利店，这无可指责。我觉得你与其和约翰为敌，不如和约翰为友。毕竟咱们两家就住门对门，以后还要当邻居呢！如果你能做到毫无芥蒂地接纳约翰，相信他也不会太过分的。"妻子的话拨开了乔治心中的迷雾。等到约翰新店开业那天，乔治果然穿得焕然一新，特意去约翰的新店庆祝。村民们看到乔治如此宽宏大量，不由得对乔治刮目相看。后来，乔治和约翰合作得非常好。他们会相互商议着进购一些东西，尽量不让自己的经营给对方造成困扰。例如，乔治开始卖西瓜，那么约翰就会卖葡萄等其他水果。村民们更喜欢来乔治和约翰家里买东西了，因为乔治和约翰的东西很齐全，也省得他们不辞劳苦地去几里地外的镇子买了。随着小镇的扩大，乔治和约翰的生意也越做越好，他们相互帮助相互支持，实力也变得更强了。

　　现实生活中，竞争关系无处不在。我们要放下胜负输赢的执念，更好地接纳对手，学习对手的优点，促进自身的发展，并与对手建立良好的关系，真正实现协同发展，合作共赢。这个世界上，最宽阔的是海洋，最高远的是天空，而比海洋和天空更博大的，却是人的胸怀。

　　一个人要想获得更好的发展，就要怀着一颗宽容的心，切勿故步自封。只有容忍对手的存在，并以合作共赢的方式把对手变成我们的伙伴，我们才能增强自身的实力，并以我们的宽容博得他人的尊重和认可。

第 07 章

没有失败就没有成功，忍受折磨是让自己变强大的过程

任何时候，失败都是成功的开始。一个人不可能在不经历一次失败的情况下就获得成功，因此人们常说失败是成功之母，也是很有道理的，因为大多数人都要经过数次失败，才能找到成功的节奏，奔向成功的目的地。

道路泥泞，才能一步一个脚印

人生路上，每个人都梦想着自己的一生能够非常顺利，最好能够从不经历任何风雨的打击和洗礼。然而，这个梦想也只是一个梦想而已，因为大多数人的人生都充满了坎坷与挫折。真正的强者会从磨难的学校里毕业，而那些弱者在面对磨难时只会一味地退缩、逃避。其实，人生道路就是这样艰难，我们与其抗拒人生的风雨，不如认识到唯有在泥泞的道路上我们才能留下脚印。

没有人能够选择自己的命运，一切从我们降临人世的那一刻起就已经注定，虽然我们无法改变命运，却可以决定把什么东西作为内容填充到命运之中。所以说，虽然人无法选择命运，却能决定自己走怎样的人生道路。如果走在平坦的康庄大道上，风和日丽，晴空万里，那么我们就如同白云飘过，根本不会留下任何痕迹。如果走在风雨泥泞的坎坷道路上，也许风雨交加，也许狂风大作，甚至还会有极端的天气，但是回首的时候，我们可以看到自己留下的一串串脚印，是那么清晰而又深刻。

鉴真和尚刚刚出家的时候，在住持的安排下，当了行脚僧。这可是个苦差事，寺庙里很多和尚都不愿意做，只有鉴真初来乍到，别无选择。

一天，鉴真睡得昏昏沉沉，直到太阳晒屁股了，依然沉睡不醒。住持不知道鉴真怎么了，因此走到鉴真休息的地方去查看情况。真是不看不知道，一看吓一跳。原来，鉴真不知道什么时候把一堆破烂不堪的芒鞋都堆在了床头。住持喊醒鉴真，问："你为何不出去化缘？这些芒鞋都是做什么用的呢？"鉴真睁开惺忪睡眼，漫不经心地问住持："别人穿了一年的芒鞋都还完好无损，我才来寺庙里一年多，就已经把这么多双芒鞋都穿破了。我觉得我以后也应该少出门，为寺庙节省芒鞋呢！"住持当然知道鉴真的意思，因而笑着说："既然如此，你不如再跟我出去一趟，正好昨夜才下了雨，空气很好。"

鉴真跟随住持来到寺庙前的一座土坡上，的确，昨夜雨水很大，道路还很软烂，泥泞不堪。住持对鉴真说："你也剃度一年了，你还记得自己最初遁入空门的梦想吗？"鉴真点点头，毫不迟疑地说："当然，我要光大佛法，成为世人皆知的高僧。"住持说："那么，你昨天出来化缘的时候，可曾在这条路上走过呢？"鉴真点点头："当然，这是我每天的必经之路。"住持若有深意地笑了，问鉴真："那么，你能把你昨天走过的脚印指给我看看吗？"鉴真说："昨天没有下雨，道路很干很硬，根本不可能留下脚印啊！"住持又笑了，说："现在，你随我一起在这条路上再走一遍，再看看有没有脚印吧！"很快，鉴真跟随住持从这座土坡上走过，再回过头看，果然路上有着深深的脚印。鉴真若有所思，住持说："看看吧，普天之下芸芸众生，有些人始终碌碌无为，有些人却能够在人生的路上留下脚印。这是因为有的人走在平坦的路上，有的人却只走泥泞的道路。虽然艰难，但是雁过留声，人过留痕，我们在世上走一遭，也要留下自己的痕迹啊！"鉴真感到非常惭愧，因而把头垂得低低的。

这个世界上没有一蹴而就的成功，任何成功都建立在坚持不懈的付出和努力之上。要想在人世间留下我们曾经存在的证据，我们不仅要走过康庄大道，更要走过那些艰难泥泞的道路，才能有所收获，才能受到启迪。遗憾的是，生活中的大多数人一遇到困境就会退缩，一遇到障碍就会放弃，根本不懂得坚持才能突破困境，让人生进入崭新的天地。朋友们，从现在开始，让我们也多多走走人生的泥泞道路，这样我们才能在艰难的跋涉中不断进步，坚持成长，才能拥有充实而有意义的人生。

每个人都在错误中成长

每个人从呱呱坠地开始，到不断地成长，最终成为有意识有思想有独立见解的人，其间必然要经过漫长的过程。在每一个人成长的过程中，错误始终如影随形，几乎是从来不可避免的。由此可见，错误原本就是我们人生中正常的存在，一切错误的发生也都是理所当然的，当然故意捣乱犯错的不在这个行列。更多的时候，错误都是无心的，都是因为人生的局限导致的。正所谓，人非圣贤，孰能无过。所以，不管是他人犯错，还是我们自身犯错，我们都应该采取宽容的态度对待，从而帮助他人或自己更好地在错误中成长，不断地踩着错误的阶梯奋进。

细心的朋友们会发现，成功者成功的道路都是不同的，有些成功得来相对容易，有些成功则是历经艰难坎坷才得到的。然而不管是从哪种途径得到的成功，都有一个共性，那就是成功者面对任何错误都能勇敢面对，坚强承受，而且能够从错误中挖掘出深层次的原因，从而使自己抓住机会不断进步。随时矫正自己的错误，这无疑是进步的一个好方法，尤其是当这些错误暴露出我们自身的问题时，我们更应该不遗余力，积极面对错误。很多人一旦发现自己犯错了，或者害怕自己被责怪，或者害怕自己被他人嘲笑。总而言之，他们找出各种各样的理由逃避错误，不想承认错误。要知道，错误的意义就在于为我们暴露缺点，从而帮助我们有的放矢地弥补错误，提升自我。这就像是孩子们参加各种各样的考试，唯有在考试之中暴露问题，在考试之后积极地查漏补缺、弥补错误，才能让自身得到提高，才能保证同样的错误不会再犯。既然错误对于我们的成长有着不可替代的作用和积极的意义，那么在错误发生之后，我们完全不必懊悔不已或者斤斤计较。一则，哪怕我们再懊悔，时光也不会倒流，错误也不会被收回。二则，就算我们斤斤计较推脱责任，找到最主要的责任人，错误也已经发生，无法挽回。所以，无论错误出现的原因是什么，我们最重要的就是找到错误发生的根本原因，从而改正错误。

很久以前，有个农场主雇用了一个管家——乔治，让他帮忙打理农场的各项事宜。然而，看到农场主居然从外面聘请乔治来作为农场的管家，几年来一直在农场里帮佣的约翰很不服气，因为他觉得自己才是最有资格当农场管家的人。为此，约翰总是看乔治不顺眼，而且处处和乔治作对。他还暗暗想道：在农场里，没有任何人比我的力气更大，为何我不能代替那个瘦弱的乔治当管家呢！有一个傍晚，天上突然狂风大作，眼看着就要暴雨如注，乔治赶紧组织大家把正在晾晒的农作物收回仓库里。然而，约翰却消极怠工，因为他很想借此机会让农场主意识到他才是最佳的管家。

看到约翰故意不急不缓干活的样子，乔治当然知道是怎么回事。这时，乔治灵机一动，喊道："这次咱们按劳取酬，对于干活第一的人，我会申请农场主给予丰厚的奖励。"听到这话，人们马上不遗余力地干起来。这时，约翰想：我明明是力气最大的，如果得不到这个奖励，那可真是太糟糕了。想到这里，约翰也开始加紧干活，果然以一抵三。后来，他们终于赶在暴风雨来临前收好了所有的作物，但是农场主回来后却皱着眉头，因为管家为他许诺要付出丰厚的奖励。当然，农场主也不傻，既然错误已经发生，他当然也不想再违背管家的意思，毕竟所有农作物都赶在暴风雨来临前收入仓库，已经最大限度地减少了损失。为此，农场主转念笑了起来，当着所有人的面说："乔治的意思当然代表了我的意思，这次迎接暴风雨，大家的表现都很好，我决定奖励干活第一名的约翰一枚金币。以后，希望大家继续支持管家的工作，相信通过我们共同的努力，农场会变得越来越好。"聪明的农场主说完这番话，管家的威信彻底树立起来了，而约翰也因为得到了额外的奖励心情大好，后来居然再也不忌妒乔治，反而成为乔治的第一拥护者。

当然，管家因为一时心急，许诺给大家丰厚的奖励，可谓是越俎代庖，帮助农场主作了重要的决定。在这种情况下，如果农场主再否定管家的话，那么非但会使管家毫无威信可言，也会导致农场里雇用的人们全都消极怠工，对农场失去信任。这样一来，农场主必然会付出更大的代价。幸好，农场主思虑周全，因而作出了明智的选择，最终不但配合了管家的工作，也因为让雇工们看到切实的利益，令他们更加卖力地干活。等管家把农场经营得风生水起时，农场主当然还是最大的赢家。

我们的人生，就是由无数个错误组成的。在错误的推动下，我们才能不断成长，趋于成熟。这个世界，也充斥着各种各样的错误，如果没有错误的存在，世界不但会停止进步的脚步，也会完美得不够真实。所以，出现各种各样的错误并非是坏事情，只要我们对错误端正态度，积极主动地从错误中汲取经验和教训，我们最终一定会踩着错误的阶梯不断成长，也会距离成功越来越近。

除此之外，错误还有一个微妙的作用。例如，爱迪生在发明电灯的过程中，尝试了1000多种材料作为灯丝，而且进行了数千次实验。在助手一次又一次因实验失败而感到绝望的时候，爱迪生说："每一次实验都是有意义的，因为我们至少知道了哪种材料不适合当灯丝。"从这个角度来看，错误能给我们指出正确的方向，或者至少能够不断帮助我们校正方向。因而我们对待错误的态度必须端正，要认识到错误并非毫无意义，而是能够为我们的成功不断地铺垫基础，为迎接成功作好准备的。

战胜困难，才能超越自我

在漫长的人生中，每个人都有可能遇到困难，因为一帆风顺的人生是不存在的。就像这个世界上没有绝对完美的人一样，这个世界上也没有从不经历坎坷挫折的人生。为了应对人生，我们的心中应该始终点燃两盏灯，一盏灯是勇气，一盏灯是希望。人生就像是在杳无边际的大海上航行，只有在勇气和希望的指引下，我们才能始终牢记人生的方向，也才能成功地奔向人生的目的地。就像大海上时而风平浪静，时而惊涛骇浪，我们的人生也是时而顺心如意，时而困难重重。在遭遇困难的时候，我们唯有保持理智和冷静，集中所有的智慧和力量，勇敢地战胜困难，才能最终超越自我，实现对自我的突破和飞越。

每一个人心底都非常渴望成功，但是，通往成功的道路从来不是一帆风顺的。在把人生目标定义为成功的同时，我们也要选择坚韧不拔和顽强不屈。要知道，在我们朝着成功跋涉的过程中，必然会经历很多的荆棘，也会走过漫长而又坎坷的路。然而，命运从来不会青睐任何弱者，更不会因为一个人能力不足，就帮助他获得成功。相反，命运有的时候很残酷，它会故意捉弄一个人，只为了检验这个人能否从人生的困境中摆脱出来，成就自己。在验证一个人是当之无愧的强者之后，命运才会给予那个人好运气，才会更加偏袒那个人。所以我们要想得到命运的青睐，就要不断地自强自立，从而持续成长和成熟起来。如果我们不想成为困难的手下败将，那么我们就要满怀希望，以信心和勇气战胜困难，从而让我们的人生与众不同。

大文豪巴尔扎克曾经说过，对于强者而言，苦难和不幸是人生的晋升之阶。很多时候，我们内心很坚强，却不知道自己原本这么坚强。唯有在危急时刻，我们才会惊讶于自己的镇定表现，并会为自己的勇敢赞叹不已。朋友们，你们远远比自己想象中更加坚强，从现在开始再也不要小看自己，哪怕是再糟糕的情况，你们也能凭借自身的顽强毅力成功渡过。从这个意义上来说，苦难实际上是人生的试金石，不但帮助我们认识自己，也帮助我们更好地面对人生。

很多人之所以在苦难面前败下阵来，并非因为他们能力不足，而是因为他们自认为无法超越苦难、战胜困难。这就是我们心中的障碍。每个人心中都有一个囚牢，并非用于囚禁别人，而是用于囚禁自己。正如一位名人所说，人最大的敌人就是自己。如果我们想要变得更加强大，最重要的就是打破自己心中的囚牢，从而让自己更加坚决果断地面对一切艰难险阻，遇山开路，遇水造船，如此兵来将挡、水来土掩且破釜沉舟的态度，必然让我们的整个人生都变得不一样。

朋友们，遇到困难时，不如想象自己正在接受命运特别安排的考验。唯有渡过这个难关，我们才能得到命运的首肯，进阶生命之梯。当我们不顾一切、勇敢无畏地与苦难搏击时，我们会感受到内心焕发出来的伟大力量，那是不可遏制的生命之源。我们唯有成为永不屈服的生命强者，才能让苦难对我们俯首称臣，才能让苦难真正滋养我们的灵魂。

挫折，只能使强者更强

对于弱者而言，挫折是一块绊脚石，轻则会把弱者绊倒在地，摔得鼻青脸肿；重则会给予弱者致命的打击，使得弱者一蹶不振，彻底陷入绝望和悲苦之中。反之，对于强者而言，挫折却是一种历练，也是一次升华；在战胜挫折的过程中，强者变得更强，并因为洞察了生命的弱点，所以可以更加有的放矢地提升和完善自我。

命运有的时候看似不公平，因为有人一生之中一帆风顺，而有人却接二连三遭受打击和磨难，直到身心俱疲，遍体鳞伤。正如海明威笔下的桑迪亚哥老人所说的，一个人尽可以被打倒，但就是不能被打败。所以哪怕挫折对我们造成严重的伤害，使得我们疲劳不已，也无法使我们缴械投降。只要我们心中有希望，眼里有勇气，我们就能够迎接挫折的挑战，而且成为永不屈服的强者。当然，命运就像是一浪一浪袭来的海浪，不会总是波峰，也会有低谷。在海浪弱的时候，我们就可以趁势喘息一下，好好呼吸，给自己的身体积蓄力量。真正的弄潮儿，会把一个海浪的波谷当成迎接下一波海浪的最好起点，唯有把握好浪浪衔接的节奏和间隙，我们与海浪的搏击才会更加顺利。对待挫折也是如此。就像一天之中既有天明也有天黑，一年之中既有寒冬又有春天一样，挫折也会给我们喘息的机会，让我们抓住机会战胜它。所以，朋友们，每当挫折来临时，不要因为挫折而感到沮丧万分，对人生完全失去希望，而应坚信只要我们心中闪耀着明灯，我们的人生之路就不会迷惘，我们也终究能够奔向人生的目的地，到达人生胜利的彼岸。

很多人在遭遇人生的挫折时，总是抱怨命运不公，实际上这对于解决问题和改变命运没有任何好处。莎士比亚也曾说，与其质疑机遇，不如质疑自己，唯有更加清晰明确地认识自己，我们才能有的放矢地提升自己。如果你们读过很多名人或者伟人的传记，如果你们曾经无数次研究过其他人成功的规律，你们就会发现，所谓的坎坷与挫折，只是成功者扬帆起航的最好起点而已。

有人说，人生如同逆水行舟，不进则退。的确，人生的行舟偶尔也会遇到顺风顺水的时候，但是大多数情况下都是逆水行舟。这就要求我们加倍努力，哪怕面对再大的风浪也决不退缩，哪怕遇到再大的困难也绝不放弃，这样我们的人生才能不停地向前，向前，再向前，最终进入美好的境界。朋友们，不管人生的风浪有多大，都让我们在心中扬起希望之帆，不遗余力地奋勇向前吧，因为人生的舵掌握在我们自己的手中，一切未来全都由我们说了才算！

失败是成功的阶梯

记得有位名人曾说，失败是成功之母。其实，失败是否真的能够孕育出成功，并不取决于我们失败的次数，而是取决于我们面对失败的态度。有的人一旦遭遇失败，就会觉得万分沮丧，原本心中闪烁的希望的微光立即彻底熄灭。这样的人，当然不可能从失败中收获成功。大多数能够踩着失败的阶梯不断进步、获得成功的人，都是在失败面前顽强不屈，而且始终心怀希望、绝不向失败缴械投降的人。所以，我们要想从失败中收获成功，首先应该端正自己的心态，这样才能积极地面对失败。

在漫长的人生路上，几乎每个人都会遭遇失败，一生之中只成功而不失败的人是根本不存在的。不过，每个人失败的原因并不相同，有人的失败是因为粗心大意，有人的失败是因为不够用心，有人的失败是因为运气不好，有人的失败是因为命运多舛，也有人的失败是因为有他人捣乱……不管是何种原因引起的失败，我们都要正确面对。所谓擒贼先擒王，治标先治本，要想远离失败，我们最重要的就是找到失败的原因。唯有从根源上解决问题，失败才能不再是难倒我们的难题。

很多人一旦遭遇一次失败，就会对自己彻底失去信心和希望，甚至觉得自己一辈子都无法摆脱失败的阴影。殊不知，一辈子的时间很长，而一件事情的失败也根本不代表我们会永远失败。时间是最好的良药，哪怕我们因为一次严重的失败以致元气大伤，时间也终究会带领我们复原。所以朋友们，我们既要乐观面对失败，也要积极解决问题。如果真的不知道如何处理失败，最被动的解决方法是把一切留给时间解决。成功从来都只青睐积极的人，而远离绝望的人。要想成功，我们首先要使自己变得积极乐观起来，这样我们才能距离成功越来越近。

清朝康熙年间，有个籍贯安徽的年轻人名叫王致和。他是个青年才俊，饱读诗书，最大的心愿是能够在科举考试中高中，当个一官半职。然而，王致和在科举考试中落榜了，他很沮丧，自觉无颜面对父老乡亲，因而想留在京城继续刻苦攻读，等来年再参加科举考试。然而，他要如何生存呢？思来想去，他想起自己可以学着做豆腐，这样就能勉强养活自己。然而，王致和毕竟没有做生意的经验，更不知道每天能卖出去多少豆腐。

有一天，王致和的豆腐做多了，卖不出去，时值盛夏，眼看着豆腐就要馊了，王致和心急如焚。突然，他脑中灵光一闪，想到自己可以把豆腐用盐腌渍起来，也许能存放更长的时间。他当机立断，把所有没卖出去的豆腐全都切成四四方方的小块，然后加入大量的盐进行腌渍。然而，忙碌的日子里，王致和每天都做豆腐，还要四处去叫卖，晚上则忙着读书，居然把这一缸腌渍的豆腐忘记了。等他想起这缸豆腐时，腌渍的豆腐散发出浓烈的臭味，变成了不折不扣的臭豆腐。原本，王致和想把这缸臭豆腐倒掉，但是又舍不得，他就把臭豆腐留着自己吃。他勉强忍受着臭味吃臭豆腐，渐渐觉得这臭豆腐别有风味，尽管闻起来很臭，但是吃起来却很香。为此，他把臭豆腐送给街坊四邻品尝。街坊四邻闻到强烈的臭味后都避之不及，根本没人愿意吃，在王致和苦口婆心地劝说下，他们才答应尝一尝。然而，这一尝就不得了了，大家都爱上了臭豆腐独特的风味，更感受到了臭豆腐的奇香。清末，臭豆腐传入宫廷御膳房，这使得王致和的臭豆腐走进千家万户，得到人们的喜爱。从此之后，王致和臭豆腐成为京城一绝，甚至有很多外国友人也慕名来吃呢！最终，王致和虽然没有考取功名，但他的一生却因为臭豆腐彻底改变了。

一次偶然的失败，使得王致和名震天下、享誉世界。现在提起王致和臭豆腐，只怕是无人不知、无人不晓，甚至在西方国家的超市里，也有王致和臭豆腐的身影呢！由此可见，失败了也不能彻底放弃，只要我们心中怀有希望，愿意不断尝试和挑战失败，我们就有可能像王致和一样从失败中找寻到成功的契机。退一步而言，哪怕我们无法从失败中获胜，只要我们坚持不懈，从失败中汲取经验和教训，最终也能够不断进步，获得成功。

踩着失败的阶梯进步

失败不但是成功之母，也是通往成功的阶梯。要想奔向成功，最终到达成功的彼岸，我们就要踩着失败的阶梯不断地拾级而上，绝不放弃，这样才能不断积累自身的经验，提升自身的能力，获得成功。

每一个渴望成功的人，都不应该被失败打倒，反而要把失败踩在脚底下，从而不断地提高自身，让自己获得成功。从这个意义上而言，失败就像是成功的垫脚石。每一次失败，我们都踩着失败的垫脚石拾级而上，哪怕每次只能进步一个阶梯，日久天长，循序渐进，渐渐地，我们也能越来越接近成功的顶峰。然而，坚持战胜失败并非只是说说这么简单，因为失败不但会打击人们的斗志，还会消磨人们的意志。所以我们唯有具有坚忍不拔的意志，在面对人生的重重困难和各种阻碍时不屈不挠，才能从失败中脱身而出，最终获得成功。

在很多人的记忆里，中国的春节联欢晚会和倪萍是联系在一起的。这是因为倪萍曾经连续十几年主持春晚。然而，倪萍的主持人道路也并非一帆风顺，甚至在刚刚出道时，还曾经遭遇过严重的挫折，受到过失败的打击。

1993 年 9 月，中央电视台正在热播的《综艺大观》举办了一场金婚专期。这次节目，电视台特意邀请了一些已经步入金婚的科学家作为嘉宾，其中有位嘉宾是我们国家第一代气象学家，可谓德高望重。这次节目是现场直播，当作为主持人的倪萍把话筒送到这位气象学家面前时，气象学家突然接过话筒。然而，对于任何主持人而言，都是不允许让嘉宾拿着话筒的。因为话筒意味着对现场的掌控，也意味着主持人掌控全局的权利。尤其是一旦嘉宾说错了话，现场就会失控。然而，最让倪萍担心的情况还是发生了。她伸出手想要接回话筒，但是气象学家躲开了。接下来，气象学家拿着话筒的第一句话就说错了："首先，我很感谢今天能来到中央气象台。"哈哈，这位气象学家真是敬业，作为嘉宾接受采访，他仍旧以为自己在进行气象播报呢！为此，台下爆发出善意的笑声。台下的导演急得如同热锅上的蚂蚁，不停地以手势暗示倪萍接回话筒，倪萍又两次尝试从气象学家那里接回话筒，但是都失败了。此时此刻，电视前有无数观众在看着他们，倪萍在和气象学家抢话筒的过程中，心始终紧张得怦怦直跳，似乎要从胸腔里跳出来一样。后来，这场艰难的现场采访总算是结束了。节目播出后，很多观众都来信批评倪萍不该和气象学家抢话筒，还指责倪萍不懂礼貌。其实观众朋友们不知道，直播的节目要精确到分秒，如果气象学家长篇大论，那么后面必然有嘉宾会因为没有时间而无法接受采访。不过对于这样的误解，倪萍并没有推脱责任，而是选择勇敢承担。她主动承认错误，进行了深刻的检讨，而且还努力找到失败的原因，以避免未来再次犯类似的错误。最终，倪萍成为最受欢迎的主持人之一。

对于任何人而言，人生都不可能是一帆风顺的。很多时候，人生中除了既定的那些困难和阻碍之外，还会有很多意外和突发的情况。面对人生的失败和挫折，明智的人从来不会逃避，更不会因噎废食，裹足不前。相反，他们知道错误恰恰暴露了自身的弱点和不足，所以他们抓住这个机会提升和完善自己，使得自己更加趋于完美。

朋友们，我们要学着把失败看得云淡风轻，更要端正心态把失败看成人生进步的阶梯，这样我们才能在失败之后获得成长，我们的人生之路才会越走越远。

第 08 章

做人圆融通达，
能屈能伸也是一种强大

人生历程中，我们难免会遭遇各种坎坷和挫折。每当这时，若沉不住气，一味地着急，是根本无法解决问题的。唯有保持理智和冷静，从容不迫，我们才能够在逆境中保持坚韧不拔的毅力，才能在危急时刻韬光养晦，从而使自己刚柔相济，能屈能伸。所谓能屈能伸才是真丈夫，不管是男人还是女人，懂得进退，都是非常重要的。

危急时刻，方显英雄本色

现实生活中，很多人自诩是真正的强者，有着超强的力量，从来不会因为小小的挫折和打击就轻易放弃。殊不知，危急时刻才能表现出英雄本色。更多的时候，小的危机能激发出我们的应变力；但是当面对大的危机时，很多心理力量不够强大的人，就会表现出自己的本来面目，或是脆弱，或是容易被击垮。所以说，危急时刻，才能显现出英雄本色，才能真正表现出我们的实力。

很多人遇到事情的时候会慌乱，甚至不知道如何面对，惊慌失措，根本无法保持冷静和理智，作出明智的选择；而真正的强者，哪怕遇到危急的事情，也能够沉住气，冷静分析，从而找到事情的利弊，最终帮助自己作出明确判断和理智选择。

作为一家物流公司的经理，张开伟不管做什么事情都非常冷静理智。正因为如此，他才能成为老板器重和倚赖的人，毕竟物流公司经常会发生突发情况，如果经理不能镇定自若地指挥，就很容易导致严重的后果。

有一天，张开伟下班回家的时候看到路边围着很多人，他很纳闷，不知道大家在围观什么。因为想到也许有人遭遇突发情况，所以他也凑过去想要看看有没有能帮忙的。张开伟走近之后才发现，原来有几个人正在卖一种药物，据说是美国最新研制出来的，连美国总统都在吃，而且能够预防百病，尤其是能够预防癌症。很多围观的老人都有些经不住诱惑，有个老人还说："这种药可真好啊，要是不得癌症，也不得各种麻烦的病，虽然花了些钱，但相当于是给孩子减少麻烦呢！"说着，其中一个老人就开始问药品的价格。

张开伟作为见多识广的年轻人，当然知道这些人都是骗子。不过他并没有冲动行事，而是马上偷偷地打电话报警。很快，警车呼啸而至，那群骗子想要一哄而散，张开伟却揪住其中的骗子头目，阻止他离开。后来，警察顺藤摸瓜，很快抓住了其他骗子，还为几个老人追回了被骗的钱！

老人说，沉住气，才能成大器。的确，为人处世，我们必须拥有冷静的气度，才能最大限度地保持理智，从而作出最佳选择，圆满解决问题。尤其是在现代社会，人与人之间的关系越来越复杂，人际关系也被提升到前所未有的高度，甚至影响到我们的生活和工作，以及学习等方面，因而我们必须帮助自己养成沉着冷静的好习惯。

人生之中，难免会遭遇各种各样的意外，可以说意外是根本不可避免的。面对这样的人生，逃避也不可能，唯有理智面对。当然，这么做的前提是我们必须保持良好的心态。常言道，无利不起早，很多人一见到有利可图，就难免会因为激动不安，做出冲动之举。唯有不把一时的利益得失看得太重的人，才不会因为利益导致自己心神混乱。通常情况下，急功近利、心态浮躁，只会使我们更加局促不安，事与愿违。与其等到懊悔却无法补救之时，我们不如从现在就开始努力控制自己，从而享受从容的人生。

沉住气，才能免逞匹夫之勇

这个世界上有一种好人，之所以称他们为好人，是因为他们的确心思正派、不畏强权，尤其是在路见不平的时候，定然能够"一声吼"，且毫不犹豫地拔刀相助。当自身遭遇不公正的事情时，他们也能据理力争，甚至不惜得罪那些重要的人物，也坚决不违背自己做人做事的原则。这样的人是真正意义上的好人，眼睛里揉不得沙子，而且面对任何事情都决不退缩和畏缩，然而他们的做事方法却是我们需要避免的。

众所周知，人人都爱面子，尤其是对于领导而言，如果被下属故意顶撞，一定会恼羞成怒。因而，如果好人总是没有分寸地顶撞领导，那么领导一定会对好人感到非常恼火，甚至一气之下辞退好人。在与同事或者亲人朋友相处的时候，好人也因为总是喜欢逞匹夫之勇，以致把事情变得更加糟糕。其实，很多时候不管我们采取什么样的态度对待问题，或者采取什么样的方式处理问题，目的都是把事情处理得更好。如果最终导致事与愿违，那么我们就距离最初的目的越来越远，并不得不说我们所采取的方式方法是错误的。

现代社会人际关系变得更加复杂，尤其是在职场上，是非曲直已经没有那么直截了当。所以，我们必须让思维更加灵活一些，这样才能根据事情的实际情况调整自己的方针策略，从而把自己的人生经营得更好。古代社会，很多行军打仗的人都知道，只靠着硬拼，是不可能取得好的结果的。唯有斗智斗勇，采取智慧的方式赢得胜利，才能以最小的代价获得最好的结果，这才是真正的胜利。

楚霸王项羽非常勇敢，却因为缺乏谋略，最终失败，自刎于乌江边，结束了自己传奇的一生。刘邦呢，显而易见，他个人能力远远不如项羽，最终却成功登上皇位，这主要是因为他知人善任，很善于根据每个人的优点和特长，充分利用每个人。由此可见，做任何事情都不能一味地逞强，而要根据自身的能力和他人的能力，进行全盘布局，才能调动一切可以调动的力量为自己所用。

战国时期，张良偶遇黄石老人，几次三番被黄石老人挑剔和苛责，但是他按捺住自己心中的不快，竭力配合黄石老人，也尊重黄石老人，最终他得到黄石老人的馈赠，从而成为一代良将。当然，我们都是普通而又平凡的人，未必会如同那些有史以来的伟人一样做出与众不同的伟大成就。但是我们必须意识到，任何时候都不要冲动行事，所谓一失足成千古恨，正是告诉我们冲动行事会导致的恶果。所以三思而后行，在任何时候都是适用的。尤其是在遭遇危难的时候，我们更要沉住气。

做人要圆融通达，才能达观天下

一千个人就有一千种不同的性格，这句话是非常有道理的。也正因为如此，我们的人际交往变得更加复杂。现代社会，人际关系被提升到前所未有的高度，每个人都要处理好人际关系，获得丰富的人脉资源，这样才能在生活和工作中更加顺心如意。其实，不仅是我们，就算是古代贵为天子的君主，也同样需要处理

好与诸位大臣以及与黎民百姓之间的关系，才能坐稳皇位，振兴
天下。

自古以来，人际关系都是非常重要的。不管是什么身份和地
位的人，都置身于人群之中，都要与他人之间搞好关系，这一点
毋庸置疑。那么，怎样才能让自己在人群之中处处受到欢迎，得
到他人的认可和赏识呢？现实生活中，有很多人脾气秉性刚强，
总觉得自己是无所不能的，并因此处处坚持和捍卫自己的做人原
则和底线。殊不知，任何原则和底线以及规矩都是死的，但人却
是活的。而且，这些规章制度都是人制定的，既然世界上的万事
万物都在随时随地地改变，那么我们的思维也应该处于发展变化
之中。唯有如此，我们才能圆融通达，和更多的人走到一起，建
立友好邦交。

当然，做人有底线有原则是没有错误的，而且是值得提倡和
赞许的；但是，做人做事并非有统一的标准，更多的时候，我们
要根据事情发展的情况以及我们自身的实际情况随时调整，这样
才能最大限度地把事情做得圆满。否则，若我们的生活和工作始
终处于混乱无序的状态中，我们又如何能够安排好一切呢！就像
生活，假如我们住在一个乱糟糟如同垃圾堆一样的环境中，我们
必然觉得自己也像垃圾一样，甚至没有心思整理关于自己的一切。
相反，假如我们生活和居住的环境干净清爽，那么我们也会情不
自禁地要求自己变得清爽起来。唯有如此，我们的生活才更富有
秩序，我们的一切也才会井井有条，秩序井然。

现实生活中，很多人因为对自己不满意，总是抱怨命运不公。
殊不知，命运终究是公平的，我们也要学着获得心理上的平衡。

所谓花无百日红，人无千日好，在生活和工作中，我们遭遇小小的不愉快，甚至是承受意外的打击，都是很正常的事情。最重要的是我们要保持内心的平静和淡然。尤其是现代职场，不公平的现象很多，如果我们处处要求平等，讲究公正，我们就会陷入心中的囚牢，甚至还会因此觉得疲劳不堪。聪明的人不会一直和自己较劲，而是会努力改善自身的状况。既然外界是不可改变的，我们就应该努力调整自己的状态，这样才能更好地与外界融合，最终使得我们的生命提升到更高的从容境界。

有人说，人生如同在杳无边际的大海上航行，必须有罗盘的指引，才能奔向预定的目标和方向。那么有过航海经历的人都会知道，海上的航道绝非陆地上的道路一样是有形的，很多时候，海上的道路只是一个大概的方向，只要不偏离航向，最终能到达目的地，我们不管走哪里，都是可以接受的。人生也是如此，只要我们不忘初心，做人做事完全可以做到圆融通达，机智灵活，不必一味地局限于特定的方式方法之中。对于很多方法，我们完全可以推陈出新；哪怕是和人交往的时候，我们也可以更加圆融。很多人都觉得左右逢源是个贬义词，尤其是用在人际交往中，似乎意味着当事人过于灵活，而且毫无原则可言，恨不得讨好每一个人。实际上，自然界里很多有力量的生物最终会被毁灭，反而是那些看似柔弱的小生命，能够在迂回曲折中最终生存下来。诸如野草，因为不知道种子落在哪里，所以很多野草萌芽的时候，会发现自己被压在巨大的石块下面。它们既没有不顾一切地想要从石头中长出来，也没有放弃成长，而是采取拐弯的方式，改变自己的生长方向。这样的委婉曲折，使它们最终从石块下面长出来。如果我们做人做事能够学习野草顽强不屈的精神，学习野草灵活多变的方式，那么我们就会少一些碰壁，多一些圆融通达。此外，还有我们日常生活中不管是洗涤还是吃喝都不可缺少的水。毫无疑问，水是这个世界上最无形的物体，也是这个世界上最柔软的物体，能够变换多种形态。所以水可以存放在各种形状的容器中，也可以变换成各种形态渡过难关。如果我们也和水一样柔韧无形，那么我们就会成为这个世界上最坚强最多变也最通达的人。

当然，需要注意的是，这并非让我们毫无限度地柔软和退让，而是让我们变得柔韧。清朝末年的大臣曾国藩曾经说过，做人就应该刚柔并济，否则过刚易折，过柔又会萎靡不振。对于刚和柔都要把握好合适的尺度，人生中做任何事情都应该如此。

朋友们，你们一定都知道方形与圆形。如果把棱角分明的人生比喻成方形，把圆滑世故的人生比喻成圆形，那么我们的人生就应该是外圆内方，即看似圆滑，实际上有自己做人的原则和底线；虽然坚持自己的初心，却也能够根据事情的发展变化及时调整自身的情绪。这样一来，我们才能把很多事情做得恰到好处，也才能让我们的人生圆融通达。

面对折磨，让锋芒掩藏起来

现代社会，很多年轻人都是独生子女，从小独处的习惯使得他们往往不懂得如何与人相处。尤其是在职场上，很多年轻人都锋芒毕露，不管做什么事情都毫不掩饰自己的实力，恨不得把自己的一切力量都表现出来，以便让自己博得众人的瞩目，取得更高的成就。然而，成功从来不是一蹴而就的，不管何时，我们要想获得成功，都必须付出坚持和努力，才能水滴石穿，绳锯木断，最终取得成功。所以，年轻的朋友们，不要锋芒毕露，而要学会韬光养晦。

很多年轻人一直以来顺心如意，在父母的安排下一切都很顺利，从未遭遇过任何挫折。他们就像温室里的花朵一样，看似娇艳，实际上没有任何抵抗风雨的能力。等到灾难来袭时，他们往往会颓然失败，甚至无力反击。实际上，面对折磨，千万不要觉得沮丧，更不要因为绝望放弃希望。我们唯有掩藏锋芒，借助于磨难韬光养晦，才能让自己在未来有一个更加成功的亮相。

毋庸置疑，每一个人都希望得到他人的认可和赞赏，他们甚至觉得自己的价值就在别人的评价里。实际上，这是人的正常心理，无可厚非。但是，在面对这样的心理时，我们也要端正心态，不能走向极端。否则我们就会因此被他人嫉恨，也因为锋芒毕露招致他人的敌视。

作为公司刚刚招聘进来的高才生，研究生毕业的小崔对于公司里的同事很不以为然。他始终记得老总说服他来公司时说的，"我们公司虽然是小公司，但是却很爱惜人才，而且公司里现在的员工大多文化层次不高，所以我诚挚邀请你加入公司，为公司注入新鲜的血液"。原本，小崔因为就业形势严峻，还对自己的前途感到担忧呢，突然之间自己就变成老板求之不得的人才，他未免有些飘飘然起来。

进入公司后，小崔并没有虚心请教老同事在工作上需要注意些什么，而是自以为是，高高在上。他总觉得那些老同事都只是大专生，也有的是末流的本科生，所以他对于自己毕业于名牌大学的研究生学历非常满意。渐渐地，老同事们都非常讨厌小崔。有一次，小崔接到老板布置的一个重要任务，因为缺乏工作经验，他对于项目的具体操作有很多不懂的地方。当他请教同事们时，同事们全都推说自己手头的工作很忙，没有人愿意帮助小崔。最终，仅凭一己之力的小崔非但没有完成项目，反而把项目搞砸了，还为此失去了工作。小崔至此才感到懊悔，决定以后再也不轻视任何经验丰富的老同事了。

做人，一定要有实力，更要有韬光养晦的精神。很多人虽然实力很强，却四处虚张声势，最终处处树敌，以致自己的身边强敌林立，给自己造成很多阻碍，最终无法取得成就。相反，韬光养晦的人对于自己的成长有足够的耐心，哪怕明知自己实力很强，也不会故意吹嘘。就像是每个人都知道自己幸福与否一样，他们也知道自己实力的高低，并且继续不断努力。古人云，知己知彼，百战不殆。任何时候，不管我们的实力是强还是弱，我们都不应该成为他人眼中的透明人，更不要被他人知道得清清楚楚。否则，他人一旦掌握了我们的弱点，知道了我们的实力，要想战胜我们就会变得很容易。

朋友们，当遭遇逆境的时候，千万不要四处抱怨，喋喋不休，而是要借此机会提升自我，让自己不断取得进步，最终成就更强大的自己。当我们在适当的时机隆重亮相时，相信我们一定会赢得他人的瞩目，从而彻底征服他人。

能屈能伸，才是大丈夫的本色

现实生活中，人们常说大丈夫要能屈能伸。毋庸置疑，所谓伸，就是伸展的意思，就是让自己完全舒展开来，决不委屈自己分毫。所谓屈，就是屈服的意思，就是有所收敛、有所克制。其实，一个人想要做到伸并不难，只要足够勇敢，无所畏惧，就可以一往无前，完全做到伸展。和伸相比，屈是很难的。因为屈服要求我们克制自己、委屈自己，甚至还要适度牺牲自己。由此可见，理智地对待这个世界，与他人搞好关系，并非那么简单容易的事情，这首先要求我们具有理智，而且能够控制好自身的情绪。

通常情况下，女人的性格相对柔韧，男人的性格则比较刚强。因而大多数人都理所当然地认为男人应该是顶天立地的男子汉，在遇到事情的时候也应该表现出足够的刚强。实际上并非如此，男人虽然是男子汉，但是同样要能屈能伸。因为在很多特殊的情况下，刚强未必是最好的选择，唯有学会柔韧地解决问题，才能取得圆满的结果。遗憾的是，人的本性就是争强好胜，人人都想和他人一较高下，谁也不愿意轻易认输，因此，屈就变得尤为困难。很多时候，哪怕是看似温柔的女性，也只会伸而不会屈。

人生中真正的强者，并非是刚强的人，而是既能刚强，又能在适当的时候屈服的人。在大自然中，刺猬是典型的能屈能伸的代表。在安全的环境中，刺猬总是横冲直撞，丝毫不在乎外界的环境。而当身处逆境时，它马上就会把脑袋缩回来，使得自己变成一个圆形的刺球，从而把自己柔软的腹部和脑袋完全隐藏起来，这样一来，敌人面对如同刺球一样的刺猬，根本无计可施。正是凭借着能屈能伸的能力，刺猬才能在恶劣的环境中生存下来。相反，有很多动物看似比刺猬强大得多，然而它们却不如刺猬生存得好，究其原因，就是这些动物只会使用蛮力，而不能做到伸屈自如。

在漫长的人生之中，很多人都会遭遇坎坷和挫折，也会有失意的时刻，这是完全正常的。因为人生不可能一帆风顺，哪怕是被命运青睐的人，也不可能在漫长的人生历程中始终顺心如意。那么，面对人生的坎坷逆境，我们究竟要怎么做才能顺利渡过难关，让生命中的一切都变得更加美好呢！其实，不管是高潮还是低谷，不管是顺境还是逆境，如果我们能够灵活使用"屈"的战术，则一定会取得意料之外的效果。相反，如果我们在应该屈服的时候选择了强硬，那么我们最终一定会使情况变得更加糟糕。因此，在人生逆境中，我们最好的应对方式就是暂时收敛锋芒，忍辱负重，同时养精蓄锐、韬光养晦，等到合适的时机，我们再展示自己的实力，从而达成自己的心愿。

亲爱的朋友们，再也不要觉得使用蛮力表现自己的强大就是勇敢者的表现，只有在恰到好处的时候适当地屈服，让自己得到更多的机会成就自己，为自己争取更多的时间积蓄力量，才是最好的选择。人生就像是自然界中蜿蜒曲折的河流，只为不断地向前，但是到了河流的转弯处，我们必须机智灵活，顺着河流的方向迂回曲折，这样我们才能更好地前进。否则，哪怕我们撞得头破血流，也只会使人生更加局促。

现实生活中，很多人都喜欢争辩，尤其喜欢在与他人意见或者观点不一致的时候，与他人争论短长，一心一意只想一决高下。

实际上，争论有什么意义呢？除了伤害我们与他人之间的感情，除了使他人对我们心生嫌隙，几乎毫无好处。

当然，需要注意的是，"屈"绝不是一味怯懦退缩，而是暂时忍让。可以说，"屈"是以退为进，是为了未来更好地伸展。如果我们总是毫无原则地一味退让，那么，长此以往，我们必然让人觉得软弱可欺。所以我们不能作出无原则的让步，更不能使他人觉得我们的屈服是怯懦的表现。所谓人在屋檐下，不得不低头，"屈"是在屋檐下的暂时低头，而不是随时随地都毫无原则地低头。古人云，小不忍则乱大谋。很多时候，我们的屈还是为了暂时忍让，从而得到更好的结果。在漫长的人生路上，每个人都有自己的人生目标，也有自己的远大梦想，为了实现这些，我们不得不偶尔低头。

不可否认，屈有的时候还是保护自己的好方式。

记得前几年，北京某超市门口，一位年轻的母亲推着婴儿车从超市购物出来，正在走出超市的广场。因为超市的人行道和车行出口并没有分开，所以这位母亲走在前面，后面就开始有车辆按喇叭了。这位母亲心生不悦：没看到我还推着孩子拿着东西么，催什么催！想到这里，母亲觉得愤愤不平，因而并没有加快脚步，也没有马上让路。没想到，车里的司机因为刚刚和朋友喝完酒，所以在酒精的刺激下情绪冲动，居然下车来和这位母亲理论。遗憾的是，这位母亲并没有发现司机处于醉酒的状态，因而就与司机理论了几句。没想到母亲的举动激怒了司机，只见司机怒气冲冲举起婴儿车里的小小婴儿，狠狠地摔到地上。一个无辜的小生命就这样骤然消逝，使人心痛不已。

假如那位司机没喝酒，假如这位母亲知道自己带着小婴儿出门要避免冲突，那么这出惨剧的结果就不会最终落在无辜婴儿的身上。哪怕母亲悲痛欲绝，悔不当初，也无法挽回孩子的性命了。

很多时候，人们都喜欢讲"理"。然而，在现实生活中，理真的那么重要吗？就像事例中的母亲，就算她占理，但是面对这样的结局，她还能轻松起来吗？再比如，过红绿灯的时候，对于新手司机来说，总是觉得只要是绿灯，自己就可以通行。殊不知，交警曾经告诉我们，为了出行安全，最重要的是除了自己遵守交通规则之外，也要防范那些不遵守交通规则的人。例如，一个人按照绿灯通行的原则看也不看就直接过路，却因为红灯路口的车辆闯红灯而被撞到了。当他生命垂危甚至失去生命时，再分辨到底是谁遵守交通规则，谁没有遵守交通规则，还有什么意义吗？显然，此刻的争辩毫无意义。所以，我们可以讲理，却不要一味地只顾着讲理。任何时候，我们只有思想活泛，思路敏捷，随时变通，才能更好地应对人生中的各种突发和极端情况，才能更加主动从容地面对人生。所以，朋友们，如果想要获得人生的成就，最重要的不是急于努力，而是先修炼自己的心性，让自己变得更加从容淡定，能屈能伸，成为人生的真丈夫。

突发意外，最重要的是克己自制

在人生之中，每个人难免会遇到各种各样的突发状况，每当这时，很多人因为不够理智和冷静，总是显得手足无措，焦灼不安；而内心足够强大的人却始终保持镇定，克己自制，最终圆满地解决问题。人生中的很多突发状况是根本没有预演的，我们甚至连做梦都想不到自己的生活居然会变成此刻的状况。那么，我们如何才能在危机到来的时候沉住气呢？首先，我们必须具备强大的自制能力。人的混乱，大多数是因为人根本没有能力控制自己，所以在日常生活中我们应该有意识地培养自己控制情绪的能力。越是在关键的时刻，我们越是应该保持冷静，这样我们才能捋清思路，从而保持自制。

细心的人会发现，大多数情况下，成功者各自有着不同的能力，但是他们有一个共性，那就是他们全都能够在危急时刻保持理智和冷静。有的时候，哪怕是一个能力很强的人，如果缺乏自制力，也会功亏一篑，甚至导致事与愿违。

作为世界足球运动史上最伟大的球员之一，齐达内在职业生涯中做出了辉煌的成就。但是他职业生涯的结束却很黯淡，而且是在完全意外的情况下终结的。不得不说，这对于齐达内一生而言都是莫大的遗憾，也是人生中的伤痛。齐达内是在 2006 年结束职业生涯的，那一天，是世界杯的决赛。

在赛场上，比赛已经进行到 110 分钟，作为法国队的队长，齐达内在比赛进入白热化阶段、胜负难分的时候，被意大利球员侮辱了。意大利球员马特拉齐出于恶意，故意以不堪入耳的话侮辱齐达内的母亲和姐姐，这让齐达内忍无可忍，最终他愤怒地用头撞击马特拉齐的胸口。殊不知，马特拉齐做这一切原本就是居心叵测，此时他更是借着遭遇齐达内袭击的机会，就势躺倒在地。助理裁判把这一幕看得清清楚楚，主裁判伊利宗直接出示红牌，

把齐达内罚下赛场。齐达内黯然离开赛场，他的背影让整个世界
的球迷都黯然神伤。因为齐达内的离场，法国队也失去了优势，
最终败给意大利队，与原本十拿九稳的大力神杯失之交臂。

原本，2006年的世界杯就是齐达内的告别赛，因而很多喜
欢他的球迷不惜花费重金买票去现场观看比赛，也有更多的球迷
守在电视机前目不转睛地看齐达内足球生涯中最为绚烂的谢幕比
赛。然而，那天晚上的结局出乎所有人的预料，包括齐达内自己
也一定没有想到自己的足球生涯居然会以这样的方式结束。也因
为齐达内作为专业球员在这一场比赛中的糟糕表现，齐达内注定
在足球历史上无法与那些球王相提并论。作为普通人，我们当然
理解齐达内被恶意侮辱的反应，但是作为具有专业素养的球员，
齐达内显然已经在对方的故意激怒下失去了理智。这个结果是令
人遗憾的，我们更应该从中汲取经验和教训，意识到在遇到突发
情况时一定要保持理智和冷静，这样才能避免因为冲动做出无法
挽回的举动。

每个人在人生路上，都会遭遇各种各样的突发状况，这些突
发状况或者从天而降，或者是有人故意为之。不管出于何种原因，
发生在何种时刻，我们都要控制好自己的情绪，从而避免情绪失
控，自我也失去控制。像韩信能忍受胯下之辱，最终成为刘邦的
得意将才；张良几次三番为老人捡起鞋子，最终得到传奇的兵书。
当然，我们不可否认每个人都是有情绪的，但是我们要成为情绪
的主人，在任何情况下都不能被情绪驱使。一个人唯有成为自身
的主宰，才能具备成功的潜质，也才能距离成功越来越近。

第 09 章

真正强大的人，
从来不害怕被利用

生活就像是一场牌局，每一张牌都要派上一定的用场。有的时候，我们看似抓住了一张好牌，却因为没有合理利用，导致最终并没有获胜。从某种意义上而言，我们所有人也像是生活的一张张牌，是否有用，能否真正派上大用场，都取决于生活的种种安排。既然如此，我们就不要惧怕被利用，因为这恰恰意味着我们还是有价值的。

跟随成功者，才能向成功者学习

常言道，听君一席话，胜读十年书。众所周知，书籍是人类精神的食粮，那么到底是什么样的金玉良言，甚至比读书十年更能帮助和提升我们呢？那就是成功者的经验。很多时候，书是大众化的，书中所讲述的道理也往往是放之四海而皆准的。所以我们读书的过程实际上是根据自身的情况去粗取精的过程，我们唯有取其精华，去其糟粕，才能从书本中得到有益于自己的知识和经验。此外，现代社会，图书市场发展迅猛，图书质量也良莠不齐。在这种情况下，我们更要具备甄别能力，才能从数量众多的图书中找到适合自己看的书。但是与成功者交流则截然不同，一则是成功者的言传身教更加生动，二则是成功者在与我们交流的过程中，会有的放矢地针对我们的情况提出宝贵的意见或者建议。所以，成功者的经验传授更像是量身定制的，绝非我们从书本中可以轻易得到的。

在《我的前半生》中，罗子君在职场上的发展一波三折，随着不断成长，她后来居然迎难而上，提出要跟随吴大娘学习。不得不说，此时的罗子君已然非常成熟，因为她知道唯有从成功者身上才能得到更多的知识与经验的传授，也才能使自己更加快速地进步。所以朋友们，不管是在生活中还是在工作中，我们都要接近成功者，如果有机会的话，不要害怕被成功者支配。唯有跟随成功者，我们才知道怎样的脚步才是成功的脚步，并能做到更加从容不迫地跟随成功者学习，最终使得自己得到提高和成长。这个原因，正是罗子君主动要求跟随吴大娘学习的原因，也是职场上很多人主动被成功者支配和使唤的原因。当然，不管是读书还是跟随成功者学习，我们都不能奉行拿来主义。归根结底，别人的经验是不可能照搬到自己身上的，所以我们唯有有针对性地向他人学习，才能卓有成效地进步。

尤其是对于年轻人而言，因为刚刚从象牙塔中走出来，缺乏社会经验，所以往往会在人生道路上接连不断地摔跟头。尤其是在职场上，很多年轻人都难以逃脱被使唤的命运，为此他们心生抵触，觉得自己有本职工作，没义务做那些分外的事情。常言道，力气是用不完的。年轻人初入职场，孑然一身，又没有家庭的负累，为何不能多做一些事情，从而让自己得到迅速成长呢？还有些年轻人因为被成功者支配，以致对成功者心生嫌隙。殊不知，折磨我们的成功者往往都是在工作上有成就的，或者是在某一领域有特殊贡献的，至少也是在经验上更胜我们一筹的。在这种情况下，我们理应虚心向他们求教，真诚地向他们学习。因此，年轻的朋友们，如果你们初入职场，那么不如主动追随成功者，成为成功者最好的小跟班和助手。在此过程中，你得到的宝贵的经验传授，不是比付出得更多吗？

被他人利用，何不一笑置之

现实生活中，很多朋友都不愿意被他人利用，总觉得这是一件侮辱自己的事情，是完全不可接受的。殊不知，你之所以被利用，恰恰是因为你还有被利用的价值，对于任何人而言，最悲哀的事情不是被他人利用，而是根本没有人愿意利用他们，因为他们毫无价值。所以面对他人的利用，我们与其怨声载道，不如一笑置之，接受他人的利用，发挥自身的价值，最终实现自己的伟大理想和抱负。

现代社会，生活节奏越来越快，生活压力越来越大，很多年轻人初入职场，就频繁遭受被利用的境遇，在人生的路上不断地被打击，甚至被他人折磨。不得不说，对于年轻人而言，这样的遭遇的确很糟糕，但是它对于人生成长的意义也是不可取代的。就像小小的孩子在学走路的过程中总是会跌倒，甚至摔得鼻青脸肿一样，年轻人在成长的道路上也必然会经历很多艰难坎坷。唯有摆正心态，坦然面对他人的利用，并知道他人的利用正是对我们自身价值的肯定，我们才能更加从容地前行。

常言道，不怕被利用，就怕没有用。年轻人被利用不可怕，重要的是在被他人利用的过程中，采取正确的态度面对。这样，年轻人才能感受到积极乐观的意义，而不被消极沮丧纠缠。

很久以前，果园里的一棵苹果树结出了很多苹果。其中有一个苹果完全不像其他的兄弟姐妹一样红艳艳的，又大又圆，而是非常小，干瘪丑陋。随着时间的流逝，苹果渐渐成熟，很快那些大块头的苹果就都被摘走了，走上了主人的餐桌。在留在树上的苹果中，这个苹果依然毫不起眼。直到霜降之后，主人才把所有的苹果都摘下来，拿到集市上去卖。然而，在经过人们或者粗糙、或者稚嫩、或者软滑的手挑挑拣拣之后，这个丑苹果依然被剩了下来。最终，它被倒入垃圾桶里。在它身边，有很多腐烂的苹果正在继续腐烂。它们怨声载道，唯有丑苹果很高兴地唱着歌儿。

垃圾桶很纳闷，问丑苹果："你都遭到这样的厄运了，为何还是乐呵呵的呢？"丑苹果笑着说："我为什么要难过呢！我只是一个丑苹果。虽然我没有被人们选中，走上漂亮的、铺着桌布的餐桌，但是我却来到你的怀抱里。不久之后，我会回到大地母亲的怀抱，最终生根发芽，也许我会结出一树的大苹果呢！"

对于丑苹果而言，它是幸运的，因为它很清楚自己有何价值，所以它最终会坦然回到大地母亲的怀抱，也成功地生根发芽结果，最终长成了一棵粗壮的苹果树，让苹果挂满自己的枝头。不管是一个丑苹果，还是一个人，抑或是某一件事物，唯有拥有自身的价值，存在才是更有意义的。

年轻的朋友们，与其不停地抱怨命运不公，不如微笑着面对命运的安排，从容找到自身存在的价值。不要害怕自己被利用，因为不管价值以何种形式体现出来，都远远胜过于没有价值的存在。所以感谢他人的利用吧，让我们微笑着拥抱人生！

可以被利用，但绝不被奴役

前文说过，一个人被利用并非是一件坏事情，因为这恰恰意味着这个人的存在是有价值的。但是需要注意的是，被利用和被奴役是截然不同的，对于他人的利用，我们可以忍耐或者积极配合，但是对于他人的奴役，我们却要坚决反抗。既然我们与他人之间完全是人格独立和平等的，为何我们要接受被奴役的命运呢？我们唯有实现自身的价值，不成为他人的附属品，才能成为独立自主的人，才能拥有充实且有意义的人生。

人生在世，很多事情并不能使我们得偿所愿，反而总是与我们所想的相反，导致我们觉得人生处处不如意。在这种情况下，我们难免怨声载道，对人生有着很多不满。尤其是很多年轻人初入社会，难免会因为经验不足被他人利用。如果说利用是可以忍耐的，毕竟利用能够帮助我们更好地成长，那么奴役则是坚决不能忍的，因为哪怕我们能力平庸，也并不比任何人低一等。

人们常说，君子能忍人之所不能忍，容人之所不能容，处人之所不能处。这句话告诉我们，君子并非常人，所以他们才能做到这些事情；而对于普通人来说，如果没有绝对的宽容度，则很难做到这一切。所以，作为年轻人，要想在社会上更好地生存，我们就要学会忍耐。但是，有些事情是可以忍的，有些事情则是不能忍的。所以我们心中要有一定的标准，这样才能在忍或者不忍之间作出正确的权衡。

在一个家庭中，有一只猫，也有一只狗。狗忠诚老实，猫则特别聪明刁钻。为独占主人的宠爱，猫总是想出各种各样的方法来折磨狗，只为把狗从家里挤走。猫特别懒惰，每天不是吃东西就是睡觉，而一到主人离开家的时候，它就马上开始肆无忌惮地奴役狗，使唤狗。狗很瘦弱，因为打不过猫，也就只好屈服。然而后来猫缺乏锻炼，身体越来越肥硕，变得行动迟缓。狗呢，反而因为不停地运动，非常勤快，因而越来越健壮。后来，狗成为一只强壮的狗，能为家里做很多事情，但是懒惰的猫依然对狗颐指气使。终于有一天，主人不在家的时候，狗把猫咬死了。

狗很聪明，在自身力量还不够的情况下，它采取了隐忍的态度，绝不轻易得罪猫，因而得以保全实力，而且茁壮成长。而当自身的力量不断增长后，狗再也不愿意隐忍，而是果断采取措施，把猫咬死了。在中国历史上，也有类似的事情发生。越王勾践因为被吴王夫差打败，因而不得不成为吴国的阶下囚，还去吴国当吴王的奴隶。他非常隐忍，丝毫没有露出破绽，尽管心中时刻都怀着报仇雪耻的信念，但行为上却很谦恭。最终，勾践赢得了吴王的信任，几年之后得以回到越国。从此之后，越王发愤图强，带领全国人民一起努力和奋斗，最终在合适的时机一举灭掉吴国，成就伟业。

人可以被利用，在危急时刻也可以忍气吞声，绝不肆意妄为，但是不能被奴役，而要始终牢记自己的人生目标和梦想，这样才能抓住时机，实现自己的伟大理想。在奴役面前，我们必须坚持原则，决不让步。相反，为了人生的长远打算，我们更要学会在磨难中卧薪尝胆，这样才能瞅准时机扳回人生中至关重要的一局。

有主见，也要听取他人的意见

现实生活中，有的人特别没有主见，不管做什么事情都拿不

定主意，必须参考他人的意见，或者完全听从他人的安排。不得
不说，这样的人生是被动的人生，必然会因为缺乏主见导致遇到
事情犹豫不决，也会因为三心二意错失人生之中很多千载难逢的
好机会。通常情况下，他们都是因为害怕犯错误，所以才不敢直
截了当地作出决定。其实，人非圣贤，孰能无过。只要是活着的
人，每个人都会犯错误；只有在人生终结之后，人们才能不再犯
错误。所以，朋友们，不要再因为害怕犯错误而踌躇不前。既然
错误是我们成长的阶梯，我们就应该坦然迎接生命中无法避免的
错误，并以积极的态度从错误中吸取经验和教训，从而使我们的
人生更加勇往直前，坚定不移。

当然，虽然错误是人生中不可避免的，但是这也并不意味着
我们可以盲目犯错。凡事都要未雨绸缪，防患于未然总是好的。
因而我们更要客观认识和评价自己，分析自己的优点和缺点，这
样我们才能尽量减少错误。现代社会，很多年轻人都是独生子女，
从小就在父母的疼爱和宠溺下长大，因而待人处事未免会犯以自
我为中心的错误，也常常因为思虑不够周全，导致出现各种各样
的失误。这种情况下，必然要多给自己一些练习的机会，年轻人
才能更快速地成长。

除此之外，年轻人还可以多多听取他人的意见和建议。所谓
"有则改之，无则加勉"，对于他人的批评和指导，我们可以虚
心接受，也可以因为自觉做得更好而充耳不闻。对于他人提出的
很多参考意见，我们可以借鉴，却不要全盘听取。毕竟无论他人
怎么设身处地，也不可能真正站在我们的角度思考问题，所以我
们必须更加尊重心的指引，更加了解自身的现实情况，从而根据

这些综合条件作出最佳选择，给我们的人生一个更圆满的交代。

如果一个人总是不假思索地接受他人的意见，凡事都按照他人的建议去做，那么这绝不是从谏如流，而是没有主见的表现。哪怕别人的意见再有道理，我们也要有自己的思考，有自己的主张，这就是凡事都要掌握的度。听从他人的意见，同时把握适度的分寸，才能起到最好的效果。这种方式既让我们更加客观公正地处理事情，也让我们坚持自己的主见，不随波逐流。

唐朝时期，唐太宗是一代明君，魏徵是唐太宗最喜欢的谏臣。唐太宗开创了贞观之治，因而青史留名，但是熟悉历史的人都知道，魏徵的直言进谏，对于唐太宗的政绩也有不容忽视的重要作用。古代的很多大臣都觉得伴君如伴虎，实际上魏徵和唐太宗的关系既是臣子与君主的关系，也是朋友的关系。当然，魏徵作为一代谏臣，也离不开唐太宗的宽容圣明、从谏如流。所以说，唐太宗与魏徵之间是相辅相成的关系，他们彼此成就，谁也离不开谁。正因为如此，唐太宗在魏徵因病去世时才痛哭流涕，说出了流传千古的一句话："以铜为镜，可以正衣冠；以史为镜，可以知兴替；以人为镜，可以明得失。"由这句话不难看出，魏徵在唐太宗心目中的重要地位。

有一次，魏徵在朝堂上与唐太宗相争不让，唐太宗愤愤然想要发作，又想到是当着满朝文武百官的面，因而只能强忍着，生怕坏了自己从谏如流的好名声。退朝后，唐太宗回到后宫，依然气愤不已，长孙皇后见状问道："陛下怎么了？"唐太宗气愤不已地说："还不是魏徵，总是不给我面子，早晚有一天我要让他脑袋搬家！"深明大义的长孙皇后听闻此言，非常担忧，赶紧去换上朝服，然后来恭贺唐太宗。唐太宗不明所以，长孙皇后说："恭喜陛下，贺喜陛下。臣妾听闻历朝历代如果出直言进谏的谏臣，那就是因为当朝的皇帝圣明。恭喜陛下拥有魏徵这样的谏臣，这也是因为陛下圣明，宽容大度！"长孙皇后的这番话使得唐太宗恍然大悟，再也不因为魏徵的直言进谏而生气了。

毫无疑问，唐太宗能开创贞观之治，让大唐步入盛世，足以说明他作为一代君主的圣明和伟大。即便如此，他也从不自负，而是能够听取大臣们的意见，做到有则改之、无则加勉，并且在作每一个决定时都考虑到方方面面。正因为如此，唐太宗才能把国家治理得那么强盛，才能得到魏徵这样亦是臣子亦是朋友的忠臣。

人生的路上，我们每个人都难免会听到逆耳的忠言。所谓良药苦口利于病，忠言逆耳利于行。我们任何时候都不要因为他人对我们说出不那么好听的话而生气，因为说出这番话的或者是我们的朋友，或者是我们的敌人，而不管是朋友还是敌人，都会毫不客气地指出我们的不足之处，促使我们不断进步。所以，当听到逆耳的忠言时，我们一定要更加用心，积极改正，才能获得进步。

卧薪尝胆，才能扬眉吐气

老子说，大智若愚。民间也有句俗话，叫作"一瓶子不满，半瓶子晃荡"。这句话的意思是说，有很多人并没有十足的能力，却总是自以为是，处处炫耀和显摆，以致最终因为能力所限，一事无成。真正有能力且有大智慧的人，绝不会轻易展示自己的智慧，而是会低调做人。

现实生活中，很多人都有过被人利用的经历。为此，他们或者愤愤不平，或者马上撂挑子不干，总而言之就是宁愿损伤自己的利益，也不愿意帮助别人。其实，被人利用有什么不好呢？被利用恰恰意味着我们还有价值，所以别人才会利用我们。尤其是被那些能力和实力都比我们强的成功者利用，我们实际上并没有损失什么，反而能在被利用的过程中从成功者身上学到很多经验，因而能够快速提升自己。有的时候，哪怕他人利用我们时对我们颐指气使，我们也可以暂时忍气吞声，就像勾践卧薪尝胆一样，找机会再扳回一局，取得成功。这样的表现才是成熟理智的，才能对我们的人生和成长起到良好的作用。

遗憾的是，现代社会有很多年轻人根本是一点儿委屈也受不得。他们从小就在父母的呵护和疼爱下长大，衣食无忧，当走入社会之后，就会产生巨大的心理落差，因为社会不是他们的家，而社会上的每一个人也不是他们的父母。在残酷的生活环境中，年轻人未免感到沮丧绝望。在这种情况下，年轻人必须及时调整自己的心态，从而才能端正态度，积极地被他人利用，并积极地学习，充实和提升自我，最终实现凤凰涅槃，让其他人全都对自己刮目相看。

古人云："有志者，事竟成，破釜沉舟，百二秦关终属楚；苦心人，天不负，卧薪尝胆，三千越甲可吞吴。"这句话告诉我们，一个人要想有所成就，就必须能够沉住气，在任何情况下都保持内心的淡定从容和博大气度，最终在逆境中崛起，成就自己人生的辉煌。

公元前 496 年，吴王率兵攻打越国被击败，身受重伤，回国之后很快就一命呜呼了。后来，吴王临死前把国家交给夫差，并且嘱咐夫差一定要找到机会为国报仇雪恨。这时，越王勾践为了消灭吴国的水军，盲目对吴国发动进攻，最终导致惨败。勾践原本想要自刎，却被大臣劝说投降，以图将来有朝一日东山再起。吴王夫差把勾践押解回吴国，勾践不但尽心尽力侍奉吴王，还帮助看守先王坟墓。几年过去，吴王夫差放松对勾践的警惕，放勾践回到越国。

勾践在吴国的三年里饱经屈辱，却从未有一刻忘记报仇雪恨的事情。回到越国之后，他更是奋发图强、励精图治，把国家治理得越来越强盛。为了提醒自己始终牢记亡国之恨，他还在屋子里挂了一只苦胆，每次吃饭、睡觉前，他都会尝一尝苦胆的味道，提醒自己保持警惕。后来，勾践找到合适的时机，打败吴国，了却了心愿。

毫无疑问，勾践是非常聪明的。他知道"留得青山在，不怕没柴烧"的道理，因而始终忍辱负重，委曲求全，又因为像仆人一样侍奉吴王，所以得以了解吴王，为他日后打败吴王奠定了基础。对于勾践而言，如果没有当日的卧薪尝胆，也就不会有日后的报仇雪恨。

现实生活中，很多年轻人都是血气方刚的。他们年轻，心怀梦想，从来不愿意因为任何事情而委屈自己。在遭遇磨难的时候，他们总是血气往头上涌，最终酿成恶果。殊不知，一时的冲动对于我们圆满解决问题并没有什么好处，反而会推动事情朝着不可挽回的方向发展。唯有保持冷静和理智，牢记心中的目标，我们才能真正做到韬光养晦，最终隆重亮相，以实力震慑他人。

小心做人做事，才能避免被要挟

现实生活中，每个人做人做事的风格都是不同的。有的人是真正的君子，不管做什么事情都非常坦荡，也能够把自己的所思所想昭告天下。相反，有的人则心怀不轨，喜欢玩心眼，因而不管做什么事情都喜欢隐瞒他人，就连他们自己也觉得自己的小心思或者小算盘是不能放在阳光下的。正如人们常说的，君子坦荡荡，小人长戚戚。又如同一句俗语所说，害人之心不可有，防人之心不可无。不管什么时候，我们都要有效保护自己。虽然我们不害别人，但这并不意味着别人也不会害我们，所以适当地保持警惕完全是有必要的。当然，凡事皆有度，我们对于他人的警惕和信任也都要把握好度。过度信任他人，会使我们遭受无端的伤害，而任何时候都草木皆兵，也会让我们的人际关系紧张。唯有适度警惕和信任，我们与他人之间的关系才能更加和谐。

现代社会，很多年轻人因为在成长的过程中习惯了以自我为中心，所以不管做什么事情都无所顾忌。殊不知，每个人都是生活在群体之中的人，每个人都是社会的一分子。若我们因为过于自我而被他人陷害，不得不说这是成长的悲哀。古人云，生于忧患，死于安乐。现实生活中，我们做人做事都应该小心谨慎，这样才能避免被要挟。否则一旦授人以柄，尤其是在重大的事情上出现失误，我们就失去了从容。尤其是现代社会，在职场上，竞争越来越激烈，虽然有规则有秩序，但是我们却无法保证身边的每个人都是遵守规则和秩序的，也不能保证每个人都奉行人际相处的守则。正所谓说者无心，听者有意，很多时候我们明明是出于好心或者无心，却被他人抓住了短处，使得我们陷入被动，甚至令我们的生活和工作都陷入僵局。因此，哪怕此刻是风平浪静的，也并不意味着我们平安无事，因为我们很有可能正处于风暴的中心，所以才没有被卷入风暴之中。唯有居安思危，防患于未然，并且心思缜密，从看似平淡的常态中发现异常，我们才能占据主动，找出端倪，从而如愿以偿地反败为胜。

战国末期，秦国派出大将军王翦率领大军出征。临行前，王翦请求秦王赏赐房产和田地给他。秦王以为王翦是担心自己在征战过程中有何闪失，不由得哑然失笑，问王翦为何要这样考虑，王翦说："我只是想给子孙后代留下活路。"秦王不由得哈哈大笑起来，当即答应了王翦的请求。

后来，王翦率领大军日夜兼程，很快达到潼关。出乎秦王的预料，他居然再次派出使者回到朝廷中，向秦王讨要房屋和田地。秦王毫不迟疑地答应了王翦的请求。这时，王翦信任的心腹劝说王翦不必这样急于向秦王讨赏，王翦告诉心腹："我不是真的爱慕钱财。只是因为秦王生性多疑，如今我大权在握，能够指挥全国所有的军队，所以秦王很容易怀疑我有谋反之心。我这样不停地索要房屋和土地，使得秦王误以为我是个贪财之人，只需要满足我的贪财心即可，我自然也就相对安全了。"心腹恍然大悟，不由得赞赏王翦实在是心思缜密。

　　人们常说，伴君如伴虎。的确，王翦深知秦王生性多疑，为了求得自保，他不得不把自己塑造成一个爱财的大臣，虽然多向秦王要了些田产和房屋，却让秦王放下心来，知道他为了子孙后代着想，必然不会心生谋反之意。

　　现代职场上，年轻人为了生计不停地奔波，奋发向上，也很容易遇到这样多疑的上司或者同事。为了让自己的职业生涯发展更顺利，聪明的年轻人不应该粗心大意，而要细心谨慎，凡事三思而行，唯有如此，才能让自己把事情做得更加圆满，才能避免祸从口出。总而言之，没有把柄的人生才能肆意纵横。如果被别有用心的人抓住把柄，我们的人生就会变得非常被动。所以，聪明的年轻人分得清主次，也知道孰轻孰重，因而能够把自己的生活和工作都安排好，也让自己的人生更加充实和成功。

可以被利用，但不接受任何欺骗

　　从古至今，不管是在外国，还是在中国，大凡有所成就的人，都是心思细腻、能够明察秋毫的人。他们的眼睛里揉不得沙子，更不能接受自己被欺骗。因而他们可以容忍那些平庸的人留在自己的身边，但是绝不允许撒谎成性的人继续陪伴他们。因为他们很清楚，很多人之所以付出很多，也的确做出了伟大的成就，最终却功亏一篑，就是因为身边有欺骗者。的确，欺骗的危害性很大，又因为欺骗者特别虚伪，而且老奸巨猾、阴险狡诈的欺骗者往往有更多的阴谋诡计，所以很容易蒙蔽他人，在他们毫无防备的情况下伤害他们。由此可见，真正的威胁并非来自外部，而是来自内部。一个人要想成就伟大的事业，获得成功，就必须先肃清自己身边的人，防范最"亲近"的人给我们造成最深刻的伤害。

我们可以被利用，却不能被欺骗，因为利用和欺骗的性质截然不同。常言道，这个世界上没有永远的敌人，只有永远的利益。这意味着在共同的利益面前，即使是敌人也有可能相互利用，从而实现利益最大化。因而利益并非是不可提起的、充满龌龊意味的，而是人与人之间交好和合作的正当理由。正是在利益的驱使下，人们彼此之间才相互利用。这种利用只要不是恶意的，就是可以接受的。能被利用，恰恰意味着我们还有价值。但是欺骗则不同。所谓欺骗，从本质上而言是带有恶意的。世界上也许有善意的谎言，却没有善意的欺骗。谎言只是为了隐瞒真相，欺骗却是为了达到邪恶的目的。尤其是在相互平等的人之间，每个人都有权力知道真相，所以欺骗也就变得不可容忍。任何时候，我们都不能原谅那些刻意欺骗我们的人；同样的道理，为了与他人搞好关系，我们也要足够真诚，从而与他人坦诚相见。

人生在世，每个人都希望得到朋友们的陪伴，也希望自己和朋友之间的友谊简单纯粹、真诚友善。尤其是当我们处于人生中的低谷时，我们更加渴望得到朋友的慷慨相助。雪中送炭才是真正的朋友，而锦上添花的人也许只是为了相互利用才与我们结交。有史以来，那些能够成大业者，无一不是明察秋毫的人。他们看似不动声色，实际上已经把一切都握在自己手中。唐太宗之所以能够成功登上王位，就是因为他机智果断，所以才能在玄武门脱离险境。尽管他为了自己的千秋大业不得不杀害长兄，但是人生之中的很多时刻必须果决取舍。如果唐太宗当时稍微有些犹豫，或者妇人之仁，那么也就没有后来的大唐盛世——"贞观之治"了。

　　生活中，没有人愿意陷入人生的困境。为此，我们要擦亮眼睛，始终保持火眼金睛，并让自己拥有明智清醒的头脑，从而洞察世事，为自己省掉很多不必要的麻烦。毕竟，未雨绸缪、防患于未然，永远比事后补救来得更好。否则，一旦酿成恶果，哪怕付出百倍的努力，也未必能够挽回十分之一的损失。因此，朋友们，我们一定要时刻保持警醒，尤其是对于我们身边那些口蜜腹剑的人，我们更要擦亮眼睛，竖起耳朵，看懂他们的所作所为，并明白他们说出的甜言蜜语未必就是他们的真心话。归根结底，我们被利用，不过是成全他人而已。但是，我们若被欺骗，伤害的就是我们自己，而且很有可能因此导致严重的后果，根本无法挽回。所以，我们一定要避免被身边的人欺骗，更不要因为他人的欺骗使自己陷入麻烦和问题之中。

第 10 章

舍得付出和吃亏，用一时的隐忍换来长久的成就

在人生之中，我们很多时候都会遭遇磨难。尤其是在情况危急的时候，我们更是会爆发出强烈的求生意志，想尽办法找到生机；哪怕只有一丝丝微弱的希望，我们也会不遗余力地抓住。虽然，那一丝希望未必能够给我们带来转机和生机，反而会因为各种各样的原因导致我们陷入更深的绝望之中。但是，只要活着，我们就要努力拼搏；只要还有一丝希望，我们就要竭尽全力地努力。

宠辱不惊，君子爱财取之有道

很多有过钓鱼经验的朋友都知道，只在浅水边放出短短的线，是无论如何也不可能钓到大鱼的。因为大鱼都生活在深水里，要想钓到大鱼，必须放长线。所以才有了"放长线，钓大鱼"的俗语。其实，人的本性也是如此，惯于趋利避害。很多人一旦看见小小的利益，就会马上变得激动不安，根本无法沉住气。他们只想第一时间就抓住这些利益，从而帮助自己获得实实在在的好处。毫无疑问，当人们的内心受到一定的诱惑，很想顺从自己的本心，却又不得不勉强抵抗这种诱惑时是很辛苦的。生活在物质至上的现代社会，生活的方方面面都需要金钱和物质的支撑，要想做到视金钱为粪土，当然也是不现实的。古人云，君子爱财，取之有道，就是告诉我们可以爱钱财，但是要把握好度。唯有如此，我们才能既爱财，又不因为财而利欲熏心，放弃自己做人的原则和底线，遭人鄙视。

人生之中，每个人都会面对得失。所谓"人为财死，鸟为食亡"，人人都趋利避害，这当然无可指责。但是，唯有在利益面前保持平常心，从容面对利益，并以正当的渠道获取利益，才能称得上"君子爱财取之有道"。面对钱财，最重要的是面对小的利益不失去自我，面对大的利益更能坚持自我。常言道，成大事者不拘小节。这句话是告诉我们，一个人要想获得大的成功，就不要拘泥于各种小的细节，更不要因为一些小小的利益就迷失本心。和我们的远大目标相比，很多利益只是九牛一毛。为了小利益而耽误了大事情，放弃自己最终的成功，可谓得不偿失。然而，贪小便宜又是人们心理上的弊端和致命缺点，大多数人都会犯这样的错误。所以，在日常生活和工作中，我们要调整好自己的心态，端正态度，从容面对各种或大或小的利益，这样才能把握好人生的方向，避免利欲熏心。

作为一名下岗职工，小张在下岗之后的一年多时间里，一直待在家里无所事事。直到一个偶然的机会，她受到一个在卷烟厂工作的亲戚的启发，决定开个烟酒店。这个亲戚可以帮助小张联系稳定的卷烟货源，甚至还能帮助小张保证很多紧俏香烟的供应。小张当然愿意自己养活自己，这样也可以减轻丈夫的负担，为此，她很快就在小区门口租了一个小小的门面房，开始了生意。虽然店面只有几平方米，但是卷烟、酒水以及饮料一应俱全，所以小张的生意倒也不错。尤其是很多老邻居，知道小张因为下岗经济紧张，都愿意照顾小张的生意。

有一次，小张以前的一个同事老马来找小张，给小张拿出两条软中华。他告诉小张，这是女婿过节给的礼品，但是他舍不得抽，所以想让小张帮忙代销。当然，他的价格可以比小张从卷烟厂进货的价格再低 10%，这样小张也可以得到更大的利润，不算白帮忙。小张当然愿意赚取更大的利润，因而当即答应了老马的请求。没过几天，小张就卖出去两包软中华，而且那个顾客当即就打开卷烟开始抽起来。但是，顾客只抽了一口就把卷烟扔到小张面前，说："老板，你这个烟是从正规渠道拿到的货吗？"小张有些恼火，说："当然，我的每一条卷烟都是从卷烟厂进货的。"顾客笑了，说："我劝你马上帮我把这两包烟退掉，不然我会打电话去卷烟厂投诉你，说你卖假烟，以后你也许就不能再卖卷烟了。"小张突然想起自己的软中华是从老马那里买的，因而当即退了顾客的钱。后来，小张确定那两条软中华就是假的，但是不好再找老马了。就这样，她白白损失了两条软中华的钱，还被顾客指责卖假烟，落下个不好的名声，可谓得不偿失，损失惨重。

在蝇头小利面前，小张精打细算原本没有错误，但就是因为她从事的是烟酒生意，而且是要对顾客负责的，所以根本不应该为了小小的利润就接受来历不明的香烟。现实生活中，很多人因为贪小便宜而吃了大亏，导致事情的结果恶化，无法挽回，这无疑是令人遗憾的。

和小利相比，大的利益则更加使人难以抵御。真正能够抵御利益诱惑的人，哪怕面对大的利益，也能够泰然处之，绝不轻易动心。要知道，利益和风险是相关联的，越是大的利益，越容易使我们陷入更大的麻烦之中，所以我们只有控制好自己的贪欲，才能把握好人生的方向。小利面前要淡然，大利面前要深明大义，淡定从容。这说起来很容易，真正想要做到，却需要我们付出巨大的努力。朋友们，从现在开始加油吧！唯有成为自己欲望的主宰，才能掌握好人生的舵，让我们更加迅速地奔向人生成功的目的地！

不患得患失，人生更从容

人在遇到高兴的事情时，难免会得意忘形；而在失意的时候，难免会悲观沮丧绝望，根本无法坦然面对。这原本是人的常态，也是人的本性使然。然而，要想拥有从容淡定的人生，我们就必须端正心态，在得意的时候能够淡然相对，在失意的时候能够坦然从容，这样才能摆脱患得患失的心态。

毫无疑问，每个人在人生之中都想要得到好的结果，虽然不能单纯地以成功或者失败来断定结果的好坏，但是结果还是会影响我们的人生。得失成败尽管只是再简单不过的四个字，对于人生却影响深远，对于每个人也意义深远。人的本能是趋利避害，因而很多人都希望自己得到更多，失去更少，甚至不要失去，这也是人的贪欲在作怪。现实生活中，很多人都把得失看得太重，因为过于在乎得到和失去，哪怕是小小的利益也不愿意放弃，所以他们总是心怀忧惧，或者害怕得不到更大的利益和好处，或者害怕失去既得的利益。他们总是在得到与失去之间不停地徘徊，在遇到问题的时候又无法做到从容冷静，以致自身惊慌失措。可以想象，若人们总是处于这样的心态之中，是很难获得成功的。

有人说人生是一场没有回程的旅行，也有人说人生是一场没有目的地的旅行，不管如何，人生都是在坚持不懈地奔波和忙碌，而且要面对层出不穷的挑战。哪怕我们面对人生的时候付出很多，也未必能够"种瓜得瓜，种豆得豆"，因为有的时候付出是没有结果和回报的。如果没有平和的心态，不能在得失面前坦然从容，那么我们的人生就会失去更多的快乐，而身陷忧虑之中。

细心的朋友们会发现，生活中很多人得到的很少，甚至生活贫苦，但他们非常快乐。与此相反，有些人虽然拥有很多，却闷闷不乐，因为他们的贪婪就像是无底的深渊，吞噬了他们的快乐，使得他们的人生始终阴云密布。其实，决定我们是快乐还是悲伤的，并非是我们拥有什么，而是我们是否知足，是否能够坦然面对人生的得失。

张萌从小就学习成绩优秀，因而一路顺风地考入名牌大学。快乐的时光总是过得飞快，转眼之间，张萌已经大学四年级了，班级里的很多同学都开始考虑找工作的事情，动作快的同学已经开始四处奔波找工作了。当然，也有些同学在忙着复习，因为他们不想这么早参加工作，而是想继续读研究生，提升自己的学历和能力。张萌还没有读够书呢，因而也加入了考研大军。同学和老师们都很看好张萌，因为张萌一直以来都出类拔萃，包括父母和亲戚朋友在内，也都觉得张萌考上研究生是板上钉钉的事情。张萌当然也这么觉得，所以她在复习的过程中并不像其他同学那样紧张，而是一副胜券在握的样子。

然而，经过紧张的复习，研究生考试结束了，很快考试成绩也出来了。出乎所有人的预料，张萌落榜了，班级里有几个平时成绩不如张萌的学生反而考上了理想的学校。对于这样的结果，张萌觉得非常沮丧，甚至一蹶不振。整整半年的时间过去了，张萌既没有继续准备再次考研，也没有走出家门找工作，而是始终窝在家里。看着张萌的样子，家里人虽然多次劝解，却没有结果。

显而易见，张萌就像温室里的花朵，看似娇艳美丽，实际上却经不起任何风吹雨打。虽然张萌的学习能力很强，但是她缺乏良好的心理素质，更不知道人生之中常常有失意，也往往不可避免地要面对失败的打击。其实，换作一个心理素质好的人，即使考研失败也没有关系，毕竟本科学历已经可以找到一份不错的工作。而张萌既可以先不工作，继续准备考研，也可以先找一份不错的工作做着，一边工作一边考研，作两手准备。如果张萌能够对于自己的人生作出这样合理的安排和选择，相信她就不会那么沮丧绝望了。

没有人的人生会是一帆风顺的，很多时候，我们会遭遇命运的打击，哪怕是十拿九稳的事情也有可能因为各种各样的原因落空。每当这时，我们唯有保持良好的心态，积极面对人生中的各种失意，才能不再患得患失，也才能鼓起勇气继续扬帆起航。人生之中真正的强者，并非是拥有多少东西，而是能够坦然淡定地面对人生。宠辱不惊，闲看庭前花开花落；去留无意，漫随天外云卷云舒，这才是人生之中至高无上的境界。当然，我们未必能够达到这样的高度，但是，竭尽所能地控制好自己的内心，让自己更加坦然地面对人生，这也是人生的莫大进步，是人生的绝佳境界。

有舍有得，先舍后得

前文说过，人生之中必然会面对得失。其实，人生之中不仅要面对得失，还要面对舍得。那么，得失与舍得之间有怎样的关系呢？失去时常是被动的，舍弃却是主动的。很多时候，我们可以主动地舍弃，这显然比失去更进了一个层次。

在漫长的人生历程中，人人都想得到更多，失去更少；也想得到更多，甚至不需要舍弃。遗憾的是，很多时候我们有不能得、不当得、不必得。所以，唯有摆正心态，正确面对舍得，在恰当的时候果断舍弃，才能做到从容自如地应对人生，也才能拥有成功的人生。

孟子曾说，鱼，我所欲也，熊掌，亦我所欲也，鱼与熊掌，不可兼得也。我又想吃鱼，又想吃熊掌，却又无法在同一时间吃到鱼和熊掌，我到底应该怎么办呢？如果是因为金钱的限制只能买一件东西，人们当然会在权衡利弊之后果断作出舍弃。但是，如果面对的是一桌既有鱼又有熊掌的山珍美味，我们又该怎么做呢？有的人面对再多的美食，也只会把自己的肚子吃个七八分饱，到恰到好处的程度。有的人面对美食，则会敞开肚皮使劲吃，虽然当时吃下了很多美味的食物，最终却因为吃坏了肚子，以致消化不良，甚至呕吐。不得不说，这是得不偿失、贻笑大方的行为。看似简单的吃饭，却能看出人们对于人生的态度与观念。只有懂得取舍的人，才能适当控制好自己的饮食，哪怕面对再好吃的东西，也不会让自己撑破肚皮。

春秋时期，鲁国规定只要有人赎回在其他国家沦为奴隶的鲁国人，国家就会支付那笔赎金，作为对赎回人的补偿。孔子的得意门生子贡是经商的，很有钱，又因为做生意经常要去其他国家，因而赎回了很多鲁国人。不过子贡很有钱，所以没有要朝廷补偿的赎金。对此，有的人赞美子贡深明大义，但是孔子却批评了他。

孔子说："鲁国人原本就很穷，国家之所以出台政策要补偿赎回人的赎金，就是为了鼓励鲁国人主动解救在其他国家沦为奴隶的鲁国人。但是现在子贡的做法却使其他鲁国人进退两难，原本准备赎回鲁国人的人，因为有子贡高尚的行为作对比，很犹豫自己是否要朝廷的赎金，最终也许就选择不救人了。"的确，子贡把救人的行为上升到了一个新的境界和高度，其他人赎回鲁国人，如果不要朝廷补贴的赎金，自己无力负担赎金；如果要朝廷补贴的赎金，又显得自己的境界低了很多，反而出力不讨好了。这样的进退两难，导致那些原本准备救人的人变得犹豫不决，甚至彻底放弃救人行为。

后来，孔子的另一个得意门生子路救起了一个落水的人，还接受了那个人赠送的一头牛。很多人都觉得子路不应该接受被救者的感谢，因而指责子路的境界不够高，孔子却对子路的行为大加赞赏。孔子说："子路救人，并且接受被救者的馈赠，这能够号召更多的鲁国人乐于助人，而且能够救人于危难之中。"

从孔子对于子贡和子路这两件事的评价来看，孔子对于舍得是有自己的标准的。的确，我们是该舍弃还是该得到，并非只有一个固定的标准可供参考。要想作出最正确的选择，我们应该根据自身的实际情况进行斟酌，更要按照自己的道德标准去评判。

从本质上而言，舍与得的关系就像是一场艰难的博弈，我们很难不假思索地作出选择，更无法把舍得做到极致的完美。很多人每到节假日的时候都会去商场购物，更有很多国人出国去"血拼"。殊不知，东西再便宜，商家最终的目的也是营利，是为了得到。为了让人们自愿掏出腰包里的钱，商家不得不先舍，即主动进行各种各样的促销活动，让利给消费者，从而提高消费者的消费热情，令其主动购物。

当然，要想做到明确舍得，并非一件容易的事情。我们一则要端正自己的心态，不要因为舍得而患得患失；二则要看清楚舍得的本质，知道有些舍弃是为了更好地得到，有些得到则会使我们失去更多更宝贵的东西。这样一来，我们才能理智分析，准确决断，从而把舍得做到最好。

爱占便宜定要吃大亏

贪欲是人的本性，很多人都深受贪欲的折磨，甚至身心俱疲。的确，在这个纷繁复杂的花花世界里，我们每时每刻都会受到很多欲望的诱惑，但是我们不能任由欲望驱使自己做出各种出格的事情，而要合理控制自己的欲望，帮助自己更好地面对人生。可以说，一个沉沦在欲望深渊里的人，也会迷失自己，失去生命的方向。一个人要想真正成为自己的主宰，成为人生的掌舵手，就必须学会控制自己的欲望，不要在面对利益诱惑或者欲望折磨的时候放弃自己做人做事的原则和底线。

正所谓"食色，性也"。很多人在饥寒交迫的时候，只想着填饱自己的肚子；在吃饱喝足之后，则会"饱暖思淫欲"。这就是人性之中贪欲的典型表现和反映。从本性的角度而言，几乎每个人都愿意得到更多的金钱和物质，希望得到更多的美色，女人希望自己更美丽，男人则希望身侧有美女相伴。人生是琐碎的，人们对于任何方面的欲望都是无止境的。但是，作为理智而又明智的人，我们必须控制自己的欲望，让自己理智对待欲望，并理智把控人生。如果我们总是任由自己的欲望肆意发展，遇到任何事情的时候都不知道克制自己，也无法做到理智冷静地分析利弊，那么我们必然会犯"贪小便宜吃大亏"的错误，导致事与愿违，得不偿失，甚至招人嘲笑。

现实生活中，很多人都因为贪小便宜而吃大亏。从古至今，这样的事例从不罕见，因此有人说，骗子正是抓住人们爱占小便宜的心理，才能成功行骗。也有人说，大多数被骗的人，全都是因为贪图小利益，才会上了骗子的当。所以要想保护自己，避免受骗上当，我们最先要做的就是戒掉自己贪小便宜的心理，从而杜绝给骗子有缝可钻的机会。与其不停地抱怨和诅咒骗子，我们还不如从调整自身的心态入手，这才是解决问题的根源所在。

村子里正在大兴土木盖楼房，因而家家户户都拆掉低矮的老房子，开始建造两层楼的别墅。老王也想建造别墅，但是他和妻子都是拿死工资的，所以家里只有 5 万块钱，根本不够盖楼房。思来想去，老王决定先下宅基地，从而把地基护下来。然而，老王是个很贪心的家伙，别人家下个宅基地只要万儿八千的，但是老王下宅基地却花了两万多，因为他梦想着把楼建造得和碉堡一样结实坚固。就这样，下完宅基地之后，老王手里的钱更少了，只有两万多块钱，根本连半层楼也盖不起来。

后来，老王的闺女大学毕业，眼看着就要谈婚论嫁了。一个偶然的机会，闺女认识了一个做海鲜生意的老板。老王看到老板很有钱，而且对闺女也表现出喜欢的样子，因而哪怕知道老板正在和妻子闹离婚，也还是主张闺女和老板交往。后来，老板张嘴向老王借两万多块钱，并且承诺只用一两个月，到时候会还给老王十万，就当是先借给老王盖楼用。就这样，老王怦然心动，马上答应了。结果，等到老王把两万多块钱都借给老板用之后，老板来的次数越来越少，最终消失了。眼看着盖房子用的钱全都被骗，老王却哑巴吃黄连，有苦说不出。他只能抱怨闺女和老伴，却完全忘记了是因为他自己见钱眼开才导致血本无归。

显而易见，老王作为一家之主，根本没有沉住气，在那个做海鲜生意的人透露出自己有钱之后，他不惜让自己的女儿和一个即将离婚的男人谈恋爱。尤其是在做海鲜生意的人说未来会还给他十万块钱让他盖楼之后，他更是利令智昏，把所有的钱都借给了那个骗子。不得不说，作为男人，老王真是白活了，为了这小小的利益，不但血本无归，还险些把女儿也搭了进去。就这样，他被骗之后还抱怨老伴和女儿，殊不知他作为一家之主对骗子毫无甄别能力，甚至为了蝇头小利不惜搭上闺女，实在是可怜又可恨。

毋庸置疑，人人都想追求物质生活的富足，然而追求物质也要适度，否则就会因为利欲熏心而作出很多错误的决定。所谓君子爱财取之有道，我们要想得到更多的金钱和物质，就必须走正道，靠着自己的努力去赚取，而不能一味地想着不劳而获，否则只会失去更多，甚至赔上身家性命。

可进可退，才是人生大格局

懂得战术的人，都知道要占据进可攻、退可守的有利地形，才能取得战争的胜利。人生也如同战场，任何时候都要可进可退，进退自如。所以，在人生中，我们必须审时度势，顺势而为，这样才有可能获得成功。如果我们非要逆势而动，最终只会使得情况变得更加糟糕，我们也会因为各种失策使人生陷入尴尬的境地。

在遭遇坎坷挫折或者人生不如意的时候，我们与其强攻，不如退一步海阔天空，并趁此机会，让自己潜心下来，获得提升和进步。任何时候，以卵击石、以硬碰硬，都不是好的选择，只会导致两败俱伤。所以，作为一个聪明的人，明智的人，我们必须等待时机，在最佳时机再展开进攻。在遭遇人生逆境时，我们不但要顺势蛰伏，还应根据需要适当退步，从而给予自己更好的空间休养生息，养精蓄锐，以图东山再起。越王勾践在被吴王夫差打败之后，不仅降低身姿给夫差当仆人，还给吴国的先王看守坟墓。这样忠心的表现，使得他赢得了吴王的信任，最终被吴王放回越国，从而励精图治，获得机会为国家报仇雪恨。倘若勾践在被吴王打败的时候就与吴王拼个鱼死网破，那么他非但无法报仇雪恨，只怕当时就已经一命呜呼了。所以做人一定不要鲁莽逞强，而要审时度势，这样才能最大限度地发挥自身的能力，让自己大鹏展翅，一鸣惊人。

人生之中，当然有顺风顺水的时刻，每当这时都是好时机，我们是可以一鼓作气、一进到底的。但是，人生之中也有逆境，使我们遭遇坎坷，这时我们不得不后退，切不可冒进。很多人不分情况一味冒进，最后必将使得自己陷入困境，甚至造成严重的后果。诸葛亮一生神机妙算，也懂得很多道理；但是因为刘备临终托孤，把国家和儿子都托付给诸葛亮，所以使得诸葛亮只能进不能退，最终六出祁山，在缺少粮草的情况下，一心希望凭借计谋战胜魏国。如此的持久战，导致蜀地渐渐被掏空，民不聊生，力量日渐微弱，将士们也因为屡战屡败心生厌倦，最终一败而不可收拾。诸葛亮死后二十九年，蜀国最终被曹魏吞并，不复存在。

和诸葛亮截然不同，司马懿在魏国主持朝政时，因为国力不足，所以他在前期始终采取防守的姿态，绝不随意冒进。经过多年的休养生息，他在国力强盛之际一举吞并另外两个国家，获得最终的胜利。可以说，司马懿之所以能够获得胜利，与他沉住气、绝不冒进、韬光养晦、等待最佳时机有着密不可分的关系。

当然，我们既不是先王托孤的诸葛亮，也不是主持大局的司马懿，但是，即便作为普通人，我们也需要调节好心态面对生活和工作，要懂得进退，这样才能安排好人生的节奏。人生路上，很难从始至终都一帆风顺，我们唯有跟着命运的节奏，顺势而为，才能找到属于自己的人生节奏，遭遇挫折的时候，诸事不顺的时候，我们最重要的就是保持信心，保存实力。所谓留得青山在，不怕没柴烧，唯有让自己好好地活着，我们才能在将来抓住机会更好地发展自己。在人生顺遂的时候，我们也不能懈怠，而是要抓住时机努力奋进，让自己进步和成长的速度更快。总而言之，人生在每个阶段都有每个阶段的任务，任何情况下，我们都要怀有信心和坚定的信念，不断磨炼自己，提升和完善自己，让自己变得强大起来。

人们常说，机会总是给有准备的人准备的。所以，在养精蓄锐的时间里，我们也应该时刻保持良好的状态，而不能因为蛰伏的时间太长就变得内心麻木，否则，即便面对千载难逢的好机会，也根本无法抓住。要知道，只有坚持不懈，才能一鸣惊人。

朋友们，让我们坦然面对人生的各种境遇吧。毕竟人生不如意十之八九，而我们的人生最终是成功还是失败，外部因素只起到很小的作用，更多的时候，我们的心态起着决定性的作用。只要我们审时度势，顺应形势，做到进退自如，我们就能将顺人生，在人生之中把握好自己的节奏，使得人生更加积极奋进，朝气蓬勃，最终取得好的成就和结果。

任何时候，命比钱更重要

网络上曾有一条令人扼腕叹息的新闻。大致内容是一对夫妻带着孩子坐公交车，没有给孩子投币，在司机要求投币之后依然恶言恶语相对，不愿意投币，最终丈夫当场被司机以刀刺死，妻子也被刺伤。虽然孩子幸免于难，但是亲眼目睹父母被司机刺死刺伤，心理也必然受到严重的创伤。那么，孩子的车票是多少钱呢？只有一元钱。现代社会，一元钱真的不多，甚至不够买一瓶纯净水。作为父母，他们为何在孩子身高已经达到买票标准的情况下，不愿意给孩子买票呢？偶尔也有些父母想要逃票，但是如果司机提出要给孩子买票，父母通常都会买。这对父母实在是奇葩，宁愿对着司机破口大骂，给孩子造成不好的影响，甚至危及自己的生命，也不愿意掏出这一元钱。最终一命呜呼，虽然不能说是罪有应得，但终归有一丝咎由自取的意味。然而，任何错误的审判者都应该是法律，这对夫妻的错误造成了司机持刀杀人的契机，导致司机也将被判处严厉的刑罚，真不知道他们之间是否上辈子有什么冤孽，要这辈子以这样的形式来偿还。当然，我们都是唯物主义者，这只是自我安慰的说法而已，世界上根本没有所谓的轮回。

到底是钱重要还是命重要？大多数人在回答这个问题时，都能给出正确的答案。但是当人们在现实生活中需要从钱和命中作出选择的时候，就显得不那么从容淡定了。例如，有人在路上遇到抢劫的，也许会为了保命主动交出钱包，这是非常理智的行为，也是值得赞许的。但是有些人偏偏觉得钱比命更重要，也或许是觉得自己的实力很强，因而盲目相信自己能够战胜劫匪，最终命丧黄泉。为了保命主动交出钱包，并不是丢人的行为；为了保护那点儿钱而丢掉性命，才是得不偿失的选择。

人生之中，我们常常会遇到非常危急的时刻，我们必须记住，不管什么时候，命都比钱重要得多。所以，如果能够破财消灾，千万不要犹豫，更不要心怀侥幸，幻想人财两全。有些情况下，除非是武功高手，否则人的皮囊总没有刀子锋利，一个人的力量也真的敌不过两个人。做人要有自知之明，用在这里也非常恰当。要知道，对于任何人而言，哪怕活着的时候拥有再多的富贵钱财，死的时候也和来的时候一样赤条条，无牵无挂，什么也带不走。所以，人为财死，鸟为食亡，实在不是一个好的选择。这句话的本意也是在劝诫我们不要像鸟儿一样，为了吃食掉入猎人的陷阱，以致失去生命。从这个角度而言，人应该理性地对待自己的身外之物，毕竟只有生命中的感受和体验，才是我们最应该在乎和重视的。

任何情况下，生命都是我们拥有一切的前提，也是人生展开活动的前提。常言道，留得青山在，不怕没柴烧。任何时候，我们只有保全性命，才能得到从头再来的机会。如果因为那些身外之物失去性命，那么我们的生命就会彻底终结，我们所拥有的一切也会全部失去。仔细想来，失去生命才是人生最大也是最彻底的损失啊！看到这里，明智的朋友们，相信你们一定都有了自己的思考，也有了自己的选择吧！

第 11 章

如果你足够强大，世界就不会对你不公

　　生活中，我们常常会听到他人的抱怨，包括我们自己在内，也会经常抱怨。但是抱怨并不能真正解决问题，很多情况下还会使问题变得更加糟糕。所以我们与其忙着抱怨，不如调整自己的心态，积极地面对和解决问题，这样我们的人生才会变得更从容安定，我们的未来才会更加指日可待。

与其抱怨，不如努力上进

人在职场，除了每日辛苦地工作之外，很少听到好消息，反而总是听到各种各样的抱怨。诸如不在升职之列的人，会抱怨领导不公平，只青睐拍马溜须者，而且只想着照顾那些关系户、拍拍更上级领导的马屁。而那些不在加薪行列的人，则抱怨自己数年如一日地辛苦努力却比不上别人的几句好话更能得到领导的赏识，抱怨领导是个棉花耳朵，而且眼神有些不好，根本看不到谁在踏踏实实地干活、谁在油嘴滑舌。其实，难道事实真的和我们想象的一样吗？升职的人一定是关系户，或者只会拍马屁吗？加薪的人一定是曲意逢迎而没有真才实学吗？再想想我们自己，真的如同我们所说的一样有能力、有实力而且踏实肯干吗？就算你真的如自己想象的那么完美，单凭你爱抱怨这一条，领导也会将你拒之千里之外。

每个领导都有自己做人做事的方法和风格，而所有的领导都有一条共性，那就是绝不喜欢抱怨的下属。为何要抱怨呢？抱怨有何实际的作用呢？生活从来不是完美的，不完美的我们更没有理由苛求生活处处符合我们的预期和要求。所以，与其抱怨生命，抱怨命运，我们还不如调整好自己的心态，以端正的态度面对生活。毕竟生活中的一切坎坷磨难并不会因为我们的抱怨而消失；

相反，在我们的抱怨声中，一切会变得更加糟糕。

很久以前，有个年轻人驾驶小船去另一个村子售卖自己家的农产品。天气很炎热，烈日当空，年轻人划着船，觉得自己就像是在被一个大火球炙烤着一样，距离美味的烤肉只差一小撮孜然。他不由得着急起来，只想赶快到达目的地，把农产品卖出去后就回到家里，吃着冰镇的西瓜，喝着解暑的绿豆汤，从而享受清凉的夏夜。正在年轻人汗流浃背地憧憬着夏凉夜时，突然，他看到前方有一条小船正在顺流而下，飞快地冲向他。年轻人气愤不已，接连喊道："让开，让开！你这个愚蠢的家伙，你这个混蛋！"年轻人始终骂骂咧咧，而丝毫没有想到自己可以主动避让。就在他的咒骂声中，那只飞速行驶的小船重重地撞向他的船，年轻人的船倾覆了，农产品全都掉落在水中，有的还顺流而下，飞快地流走了。年轻人擦干脸上的河水，这才看到那条船原来是空的，上面没有任何人。年轻人不由得懊悔万分，如果他能早些采取避让措施，也就不会造成如此惨重的损失了。

这样的情形，在我们的生活和工作中，是否时常发生呢？发生问题的时候，很多人第一时间想到的并非是解决问题，而是不断地抱怨和诅咒，甚至在可以避免问题发生的情况下眼睁睁地看着问题发生，最终导致无法挽回。其实，抱怨除了使问题变得更加难以收场，真的一点儿好处都没有。所以，不管是在生活中，还是在工作中，我们都要努力解决问题，而不要一味地抱怨，甚至陷入歇斯底里的愤怒，让自己彻底失去理智。

很多人已经习惯了抱怨的模式，一张嘴就想抱怨，似乎抱怨已经成为他们生活和工作的伴生物，永远也不会消失。实际上，抱怨不仅对我们自身无益，还会给我们身边的人带来很多的烦恼。负面情绪有很大的影响作用，不知不觉中就会给他人带来负面影响。因此，朋友们，不要让抱怨破坏我们的好心情。尤其是在职场上，更不要让你的抱怨影响他人的工作态度和节奏，否则上司一定会视你如同仇人，对你怒目以视。

生命是短暂的，生命中每一分每一秒的时间都非常宝贵。我们与其花费宝贵的生命时光去抱怨，不如调整好自己的心态，用积极的态度代替消极的态度，从而让自己体会到生活的美好。当我们怀着一颗感恩的心去工作，当我们对待任何事情和问题都积极乐观，当我们即使面对艰难和坎坷的人生境遇也决不退缩和抱怨时，我们就离成功的人生更近了一步。

人生苦短，生气不如争气

人们常说，生气是用别人的错误惩罚自己；也常说，生气不如斗气，斗气不如斗志。从这些话里我们不难得知一个深刻的道理，即生气永远于事无补，只有争气才是切实可行的好办法，能够帮助我们摆脱人生中艰难的境遇，能够帮助我们勇敢地在困境中站起来，面对一切难题，解决一切难题。

毋庸置疑，每个人都希望自己能够成为人生的强者，顶天立地地屹立于这个世界，也希望自己能够在竞争激烈的社会中纵横驰骋，从而实现自己伟大的理想和梦想。更别说那些父母，每一对父母都望子成龙、望女成凤，更希望孩子们能够有所成就，活出属于自己的精彩人生。的确，人人对于生命的渴望都是美好的，但是在奔向成功目标的过程中，很多人都非常无奈，根本不知道如何做才能让自己做到最好，也不知道到底要如何做才能保持心平气和，理智地对待和发展自己的人生。

人是感情动物，人也很容易情绪激动。常言道，"不争馒头争口气"，就带着很强烈的情绪色彩。毫无疑问，最早说出这句话的人，一定是在情绪激动的状态下，宁愿不要馒头填饱肚子，也要争口气让自己扬眉吐气。其实，人生苦短，有多少时间可以用来生气、斗气呢！与其用他人的错误惩罚自己，我们不如做些更有意义的事情，这样我们的人生才会绽放异彩。可以说，假如人们把生气的时间都用来充实自己，那么人们的身体一定会变得更加健康。古人云，怒大伤肝，至少不生气的人肝火也不会那么旺盛。同时，他的人际关系也会大大好转，因为很多争吵都是一个巴掌拍不响，至少要双方都怒气冲冲地相互"配合"，寸步不让地争执，才会产生争辩，甚至暴发肢体冲突。所以，在人际交往中，只要有一方不生气，人际关系就会变得更加和谐融洽。

气并不是任何别人给我们的，诸如他人犯了错误，这是他人必须面对的事实，而我们是否生气，并非由他人的错决定，而是取决于我们的心是否愿意生气、愿意动怒。如果我们能够坦然面对人生的一切境遇，做到平心静气、心如止水，那么我们就能更好地控制自身的怒气，从而变得更加坦然。在很多武侠小说里，那些武功高手都会以静制动，我们在处理与他人的关系或者处理某些事情的时候，也可以采取以静制动的方式。毕竟生气根本于事无补，反而会使事情更加糟糕，而很多事情一旦发生就不可逆转，哪怕我们把自己气死，也根本不可能改变任何事实。心理学家经过研究发现，愤怒会使人的智商瞬间急速降低，而要想理智地处理问题，我们怎么能没有智商的大力支持呢！所以明智的朋友们都会努力控制自身的情绪，克制自己，从而使自己变得更加冷静理智，最终恢复智商，想出合理的方法处理问题。

从前，有个年轻人被心爱的姑娘抛弃了，只剩下孤身一人。他万念俱灰，因而跑到一个公园里悲痛欲绝地哭泣。看到年轻人伤心的样子，智者走过来问他："年轻人，什么事情让你这么伤心？"年轻人说："我最爱的女孩离开我了，我很伤心，我以后再也看不见她，再也不能照顾她了！"

听了年轻人的话，智者忍俊不禁，说："你可真是够笨的！"

年轻人不知道智者为何要嘲笑他，因而很生气，说："你怎么一点儿同情心都没有呢！我明明需要安慰，你却只知道挖苦讽刺我！"智者不以为然，说："因为你根本不需要同情啊，最倒霉的人不是你，而是那个姑娘啊！要知道，损失最大的是那个姑娘，因为她失去了一个深爱她的人，从此之后没有人再那么深爱她。但是对于你而言，你仅仅失去了一个不爱你的人，你现在要做的是找到深爱你的人，享受她的爱，也全心全意地爱她。"年轻人顿悟。

在这个世界上，生气的人随处可见，几乎从未有人没有生过气。大多数人哪怕为了一些不值一提的小事情，也会大动肝火、歇斯底里，甚至恶毒地诅咒他人。殊不知，我们的气根在我们的心里，他人完全可以对我们的气无动于衷。尤其是在被他人伤害之后，如果我们还不遗余力地生气，那么就是这个世界上最傻的人，因为我们正在不遗余力帮助他人更深刻地伤害我们。

　　细细想来，很多时候惹我们生气的事情根本不值一提。这些事情之所以让我们感到气愤，主要是因为我们把自己困在死胡同之中，根本无法走出来。这时，我们不能一条道走到黑，而是应该换一个角度看待问题，从而使自己的心豁然开朗。常言道，气大伤身，生气不但是用别人的错误惩罚自己，也是用别人的错误损害自己的身体健康，聪明的朋友们，你们还愿意继续这样做吗？

水落石出，才能大白于天下

　　人生之中，我们时常会遭遇各种误解。毕竟这个世界上的每个人都有自己的脾气秉性，况且人心隔肚皮，谁也不是谁肚子里的蛔虫。在这样的情况下，我们与他人之间哪怕沟通得再充分，也难免会有产生误解的情况发生；更何况，在生活和工作中，很多时候我们与他人之间的沟通并没有那么顺畅，也常常会因为客观的原因导致误解的发生。有些误解是无关紧要的，或者我们对误解自己的那个人并不重视，因而我们可以对他们置之不理，任由时间去解开难题。但是有的误解对我们至关重要，而且会产生很大的影响，这个时候我们就要想方设法为自己辩解，解释清楚自己的苦衷，以求得他人的谅解。然而，往往事与愿违，当我们越是极力想要解释清楚一切时，我们反而越是无法解释清楚。既然如此，我们为何不采取冷处理的方式，让真相渐渐浮出水面呢！

　　很多人都把但丁的那句话作为人生的座右铭——"走自己的

路，让别人说去吧！"这句话告诉我们，我们应该循着自己的本
心去生活，而不要过于在乎他人的想法或者看法。因为每个人都
有自己的人生理想和待人处事的标准，又因为大多数人都喜欢对
他人的生活指手画脚，所以不管我们怎么做，都注定无法让所有
人满意。既然如此，我们完全没有必要委屈自己，而应让自己更
加勇敢坚定地走属于自己的人生之路。时间会证明一切，真相会
为我们辩解清楚。

人生在世，很多事情都是有因果关系的，但是其中的关系并
非人人都能一见就明了的，尤其对于那些愚钝的人，我们更要给
他们时间，让他们慢慢去顿悟。就算是科学家发现了真理，也未
必能第一时间就被人们接受，而是要经历漫长的求证过程，让事
实代言一切。

在古希腊，亚里士多德曾经提出，物体下落的速度是不一样
的，即越重的物体下落速度越快，而越轻的物体下落速度越慢。
当时的人们很信奉亚里士多德，因而全盘接受了亚里士多德的学
说。直到有一天，伽利略突然想到一切并非如同亚里士多德所说
的那样，也就是物体不分轻重，下落速度实际上是相同的。为了
验证自己的猜想，他带着重量相差 10 倍的两个铁球来到比萨斜
塔。这两个铁球大小相同，但是因为一个是实心的，一个是空心的，
所以重量相差 10 倍。当天，伽利略站在比萨斜塔上准备进行试验，
比萨斜塔下是密密麻麻的人，大家都觉得伽利略这个黄毛小子一
定是疯了，居然要否定亚里士多德的学说。伽利略不以为然，只
是在提醒塔下的人全都瞪大眼睛作见证之后，同时松开两只手，
让两个铁球一起平行下落。铁球在同一时间落到地上，之前说伽

利略疯了的那些人哑口无言。就这样，伽利略推翻了亚里士多德的学说，推动物理学往前进了一大步。

很多道理哪怕是人尽皆知且人人都认可的，也未必是正确的。我们要有质疑真理的勇气，更要有证明真理的实力。年轻的伽利略当然知道仅凭自己的辩解是无法推翻亚里士多德的学说的，为此他没有多作辩解，而是让事实证明一切。在众目睽睽之下，两个相差悬殊的铁球一起降落到地上，这让所有人都无法反驳伽利略，只能支持他。

现实生活中，我们作为普通人当然未必能够作出如此伟大的推理，但是日常生活中的很多真相也是被掩藏在假象之下的。所以我们对于生活要有更加敏锐的观察力，也要做到不畏惧权势，能够勇敢地提出自己的观点，并且想方设法证明自己的观点。在此过程中，需要注意避免毫无意义的争执，因为我们无法仅凭争辩就让他人相信我们，还不如让事实说话，让事实为我们代言，这样才是更具有说服力，并且使他人无法反驳的。

看不到鲜花，却欣赏了落雨

西方国家有句谚语，叫作"不要为打翻的牛奶哭泣"。的确，牛奶既然已经被打翻，不管我们多么懊丧，都无法使其复原，与其哭泣，不如想一想怎样找到更好的早餐饮品，作为牛奶的替代品。或者拿一盒新奶，或者为自己煮一些麦片粥，都是很不错的选择，都比哭泣来得更加实用和有效。还有人说，如果错过了太阳,不要哭泣,否则就会错过群星。人生中最美的风景随处可见,我们不要为了已经逝去的昨天而感慨伤怀,更不要因为还没有到来的明天无限憧憬,而要把握住当下,因为,唯有此时此刻我们拥有的现在,才是我们真正握在手中的。

人生之中,总会无缘无故错过很多美丽的风景,也会把很多原本能做好的事情搞砸。不管是有心还是无意,错了就是错了。如果因为已经犯下的错误陷入无限懊悔之中,那么我们非但无法挽回错误,甚至还会错过更多。所以,真正明智的人,绝不会为了已经成为历史的过去而缅怀,而是努力地活在当下,努力享受现在这一刻的幸福美好,这样才算是把握住了人生。否则,若我们一味地因为错过的那些而伤怀,我们的人生注定只剩下接连不断的叹息。

人生是短暂的,经不起蹉跎。人生也是漫长的,错过了这一次或者那一次,还会有更多的机会。例如,有人错过了高考,但现代社会有许多成人教育的方式,只要自己努力上进,就能得到更多的机会接受更高等的教育,如可以函授,可以自考,也可以通过网校进行学习。有的人错过了爱情,然而,对于任何人而言,只要心中怀着对爱的憧憬,任何时候拥有爱情都不算晚。有的人错过了财富,但是可以享受自由,正如诗中所说,"生命诚可贵,爱情价更高。若为自由故,两者皆可抛"。所以任何时候都不要陷于抱怨和懊丧,只要开始,生命永远为时不晚。也许我们因为大雨突然而至,错过了欣赏最美丽的花朵的机会,但是我们可以听着雨打芭蕉叶,享受静谧美好的这一刻,感受雨滴滋润心田的声音。

在华盛顿，有一个男人站在地铁站里，用一把小提琴演奏乐曲。在大概 45 分钟的时间里，这个男人演奏了 6 首巴赫的乐曲。在此期间，有两千多人经过地铁站，但是只有很少人暂时停留，聆听男人演奏的优美小提琴曲。其中，有一个中年男人最先停下脚步，但是只有几秒钟，他就又开始迫不及待地朝前走去。在这个中年男人离开大概 1 分钟之后，一位女人没有停留，而是行色匆匆，直接拿出 1 美元扔到小提琴手面前的帽子里，就直接离开了。又过了大概 2 分钟，一个年轻的小伙子停下脚步，倚靠在墙上，倾听小提琴手的演奏。然而他很快就看了看手表，又接着朝前走去。

从小提琴手开始演奏大概 10 分钟的时候，有一位几岁的男孩停在小提琴手面前驻足倾听。然而，他的妈妈很着急，使劲拽着他离开了。小男孩走出很远依然回头看向小提琴手，但是他的妈妈总是拉扯着他，他只好无奈地跟着妈妈走了。

在小提琴手演奏的 45 分钟时间里，大概有 20 个人朝着小提琴手的帽子里扔了一些钱，总计 30 多美元，只有 6 个人停下匆忙的脚步，驻足倾听美妙的乐曲。后来，小提琴手结束演奏，地铁里恢复了往日的喧嚣，再也没有流淌的音乐。没有人发现小提琴手不再演奏了，也没有人在小提琴手结束最后一曲的演奏时给他掌声。遗憾的是，根本没有人发现这个小提琴手并非一个普通的流浪乐手，而是举世闻名的演奏家——约夏·贝尔。而他在地铁里演奏的乐曲是世界上演奏难度最高的乐曲之一，他手中拿着的小提琴更是价值 300 多万美元。就在约夏·贝尔在地铁中进行演奏的前两天，他在波士顿剧院的表演门票被一抢而空，而如果谁想走进剧院聆听他的演奏，至少也要花费 200 美元买门票。

其实，这是华盛顿邮报主办的一次社会实验。这次实验的目的在于观察人们的感知、品位和优先选择的能力。这个实验为我们揭示了一个残酷的社会现象，即在生活中的很多时候，我们会缺乏发现和欣赏美的能力。或者说哪怕我们发现了美，也没有时间和心情停下匆忙的脚步，用心感知和欣赏美。我们错过了什么并不可怕，可怕的是我们从未带着发现的眼睛敏感地观察生活，无法从生活中感知美的存在，也无法发现美的不同于俗。

人生并不是一个圆满的圆，因而每个人的人生都是存在缺憾的。记得一个小故事里说，有个圆缺失了自己的一角，因而总是觉得遗憾。这个圆四处滚啊滚啊，因为缺了一个角，所以滚得很慢。因此它在寻找的过程中看到了很多美丽的风景。后来，它好不容易找到那个角了，因而马上把自己变得圆满，它也因此滚动得特别快，甚至无法停留下来。最终，它滚到了一个阴沟里，再也看不到外面的美丽风景了。所以，朋友们，请坦然接受自己的不完美吧，因为不完美的人生才是真实的人生，不完美的人生才有别样的风景。哪怕错过了很多的风景，我们也要向前看，努力抓住前路的风景，而不要一味地懊丧，连未来都错失了。

不公平的境遇中，更要努力向上

现代社会，人人都讲求公平公正，殊不知，这个世界上并没有绝对的公平。很多时候，看似公平的背后是不公平；我们也许维护了自身的公平，却对待他人不公平。所以说，公平只是相对的。当我们遭到不公平的对待时，唯一的办法就是努力奋斗，从而提升和完善自我，以实力为自己代言。这样，我们才能为自己争取到公平。

　　生活中，我们经常抱怨自己遭遇到的各种不公平待遇，也经常听到他人抱怨那些不公平，如工资比别人低，职位还没有比自己后进公司的人高，或者觉得自身条件很好却没有找到有钱有闲的老公等。总而言之，一切与我们生活相关的事情，都可以被我们作为不公平的现象来抱怨。但是，大家有没有想过，公司之所以采取私密薪酬制，就是为了根据每个员工的表现来给出相应的回报，本意是为了维护公平，所以才没有一刀切地给所有员工都发同样的薪水；公司里的晋升制度也并非看谁进入公司的时间长就让谁当领导，而是要看员工的能力，按照员工的实际水平进行提拔，所以别说比你晚去公司的人却比你职位高，有的公司还会空降副总呢，这又能和谁说理去！尤其是女人之间，更容易产生各种各样的攀比行为，如有的女人觉得自己非常漂亮，因而总想凭着那点儿姿色钓到金龟婿。殊不知金龟婿可不是那么好钓的，男人也并非只看脸蛋和身材的。所以女人千万不要因为自己长得好看，就时时处处都想不劳而获；唯有让自己拥有真本事，才能给自己长脸，让自己有尊严地活得更漂亮。实际上，每一种看似不公平的境遇背后，每个人都能从自己身上找到原因。忙着抱怨的人根本不想找到根本原因，而只想发发牢骚了事；而理智的人会更多地反省自己，从而努力提升和完善自我，主动为自己争取到公平的待遇。可以说，越是面对不公平的待遇，抱怨和牢骚越是没有任何好处的，唯有当机立断，让自己更加努力，才有可能为自己争取到更高的地位，也为自己真正赢得他人的认可和尊重。

实际上，是否公平完全是人们心理上的感受。有的时候，哪怕别人自以为做得公平，我们也会愤愤不平。有的时候，哪怕别人做得不够公平，但是只要我们心理上获得平衡，也能够让自己沾沾自喜，安然自乐。所以，我们每个人都要摆正心态，不要为是否公平而劳神。有时间去介意是否公平，不如把宝贵的时间和精力用于提升自我上。唯有用实力为自己代言，不断提升自己，我们才能成为真正的精英，才有话语权为自己发声。

第 12 章

不让烦忧留心间，
心的宽容是另一种强大

在人生路上，每个人都难以避免地要遭遇坎坷和挫折，有的人很快就忘记了，从而端正心态重新面对生活；有的人却始终将痛苦和折磨铭记在心，以致自己一直沉浸在痛苦和折磨之中，无法摆脱。其实，这并非是痛苦和折磨禁锢了我们，而是我们被囚禁于自己不宽容的心。面对人生的种种挫折和磨难，我们要用宽容卸去心头的烦恼，这样才能让人生更加轻松快乐，扬帆起航。

有些恨，应该记在沙滩上

人类是感情动物，因而感情充沛，当然也很容易感情冲动。对于所有人而言，爱与恨都是非常强烈且极端的感情，如果驾驭不好这两种感情，很容易做出冲动的举动，以致伤害别人，也伤害自己。过度的爱使人产生强烈的占有欲望，使自己无法摆脱内心的拘束，也会给被爱的人造成困扰。一旦相爱的人反目成仇，也会导致深刻的爱转化为更强烈和极端的恨，使人在冲动愤怒的情况下伤害别人，也伤害自己。那么，我们到底应该如何面对爱与恨，才能更加坦然、从容地把握和应对人生呢？

一位智者曾经说过，对于伤害自己的人要学会原谅，不要让自己活在对他人的仇恨之中，并且要让自己成为不容易被伤害的人。的确，很多时候我们之所以陷入仇恨之中，未必是因为他人对我们的伤害多么不可原谅；更多的时候，是因为我们不懂得宽容和原谅他人。我们唯有不再揪住他人的错误不放，主动走出伤害的旋涡，才能逃离人际关系的是是非非，从而心怀广阔。有的时候，伤害明明很小，但是我们不愿意原谅和宽容，所以我们始终活在这份伤害之中，无法自拔。这何尝不是用别人的错误惩罚自己，而且使自己被更加严厉地惩罚呢？所以，朋友们，不要抱怨生活中有太多可恨的人，而要学着让自己变得从容，让自己不再那么斤斤计较地面对生活、面对他人。

作为阿拉伯大名鼎鼎的作家，阿里非常喜欢旅行。有一次，他和好朋友吉博和马沙结伴旅行，在经过一处地势险峻的山谷时，马沙不小心脚下一滑，幸好吉博死死地抓住他不肯放手，才把他从悬崖上拉起来。走着走着，马沙发现前面不远处有一块巨大的岩石，因而跑过去在岩石上刻上："某某天，吉博救了马沙，给了马沙一次新生的机会。"看到马沙如此感恩，阿里觉得很欣慰。然而，旅行的过程中总是会遇到很多困难，又因为他们三人同行，所以难免会产生摩擦。没过几天，吉博和马沙这对生死之交，就因为一些小事情产生矛盾，大吵一架。吉博很愤怒，居然狠狠地扇了马沙一个耳光。马沙跑到不远处的沙滩上，气愤地写道："某某日，吉博狠狠扇了马沙一个耳光。"看到马沙的举动，阿里觉得很纳闷，情不自禁地问："马沙，那里明明有石头啊，你为何要把字写在沙滩上呢？这样海浪袭来，字迹就会消失，根本无法起到记载的作用啊！"

马沙想了想，对阿里说："我是故意把有的事情刻在石头上，把有的事情写在沙滩上的。对于吉博帮助我的事情，我刻在石头上，就不会忘记。对于吉博打了我一巴掌的事情，我写在沙滩上，才能忘记。"听了马沙的话，阿里非常感动。

生活中，很多人的做法和马沙恰恰相反，他们对于别人曾经帮助自己的事情，很快就忘记了；而对于别人伤害自己的事情，却始终铭记在心。其实，这是完全错误的做法。我们都应该向马沙学习，铭记别人的好意，忘记别人的伤害，这样我们的内心才会更轻松，也才能与他人建立和谐融洽的关系。

　　为人处世，胸怀一定要开阔。人生的道路漫长而又艰辛，每个人的人生之路都是不同的，人与人的脾气秉性也是不同的，所以我们在为人处世的过程中一定要努力做到宽容、谅解，更要学会遗忘。我们要在心中准备两个不同的记事簿，一个是坚硬的岩石，用以刻下他人对我们的好意；一个是松软的沙滩，用以遗忘他人有意或者无意间对我们造成的伤害。这样不但是宽容别人，也是释放我们自己。人，唯有变得从容豁达、宽容大度，才能拥有更多的快乐，减少无谓的烦恼和忧愁。

不要被仇恨蒙蔽眼睛

　　这个世界上有千千万万的人，每个人都有着不同的生活方式和人生模式；每个人都在用自己与众不同的方式表现生活，诠释生活。可以说，生活就像是一个大舞台，需要各种不同的角色来演绎和诠释生活的方方面面。在生活中，不管是男人还是女人，也不管是所谓的好人还是坏人，更不管是成人还是孩子，总而言之，每个人都需要竭尽全力演绎好自己的角色，才能让生活的大舞台更加缤纷多彩，也更加绚烂多姿。不过，从本质上来说，生活和舞台是不同的，更不同于电影。舞台上的表演可以重复很多次，不好的话，还可以继续排练，直到导演觉得满意，再正式搬上舞台。至于电影，更是可以分开拍摄不同的镜头和场景，再用各种技巧，如蒙太奇等方式，让各种镜头最终连接起来，变成一部精彩的影片。和舞台与电影相比，人生更像是一场没有提前安排好的现场直播，生活中各种意外情况频繁发生，人与人之间更是随时随地都有可能产生各种摩擦和纠缠，导致人生变得混乱不堪。要想活出属于自己的精彩人生，要想在人生之中从容愉悦，我们就要更加坦然淡定，这样才能让一切都秩序井然，不至于混乱失常。

现实生活中，很多人都会抱怨自己的人生不够精彩，不够充实。其实，不管人生最终会呈现出怎样的姿态，命运都掌握在我们自己手中。哪怕我们在命运的长河里只是个不起眼的角色，哪怕我们的地位很卑微、丝毫不起眼，哪怕我们总是遭遇命运的折磨，我们也依然要昂首挺胸，这样才能成为自己人生的主角，才能在人生的舞台上成为独一无二的存在。

很久以前，佛陀从一个村庄经过的时候，心中满怀怨气的村民们前去找他，向他抱怨，还有人对他出言不逊，甚至有人恶言恶语地辱骂他。佛陀始终没有动怒，甚至面无表情，就那样认真聆听。等到村民们终于发泄完了，佛陀才说："谢谢你们，我已经知道了你们的疾苦。但是眼下我有更着急的事情要赶去办理，我明天会赶回来，到时候你们有更多的时间向我诉苦，好吗？"听到佛陀心平气和的话，村民们简直震惊了。他们不相信面对他们的侮辱谩骂佛陀居然还能如此平静，甚至没有一丝一毫的怒气。有一个村民实在忍不住，好奇地问佛陀："你真的听到我们的话了吗？我们刚才都在故意骂你、羞辱你啊，你难道不生气吗？"

佛陀笑了，说："如果你们想让我生气，显然你们的行为发生得太晚了。如果是 10 年前，我也许会被你们的话激怒，失去理智。但是现在我学会了成为自己的主宰，控制自己的心性，所

以我不愿意再受到愤怒的驱使，而要自己主宰自身的情绪。如今，
别人的行为已经无法影响我，因为我是我自己的主人。"

对于很多爱生气的朋友而言，真的应该好好看看佛陀的这段
话。爱生气，就是被别人的行为控制，甚至不能主宰自身的情绪；
只有不爱生气的人，才能真正做到控制自己，成为自己的主宰，
避免成为坏情绪的奴隶。

很多人在现实生活中总是因为一些小小的事情生气，最终的
结果是什么呢？他们的愤怒对于解决问题没有丝毫帮助；相反，
他们因为自身的情绪失控，丧失理智，导致事情的结果变得更加
糟糕和无法收拾。朋友们，我们必须记住，只有我们自己，才是
我们生活的主宰。任何时候，我们都不能让仇恨主宰我们的生活，
也不能因为愤怒失去自我，让自己成为生活的配角。我们要当主
角，我们要活出属于自己的精彩人生，就要把自己提升到更重要
的位置，从而使自己赢得更美好的未来。所以，不要再抱怨命运
的不公，不要再羡慕他人的成功和成就，成功的经验是不可复制
和套用的，所以我们要沿着自己的人生轨迹活出属于自己的精彩，
这样我们才能成为自己心目中永远闪亮的星！

柳暗花明又一村的人生

在遭遇人生的坎坷挫折时，我们常常濒临崩溃，甚至觉得自
己再也无法继续支撑下去了。然而我们不知道的是，在我们感到
无以为继的时候，其实痛苦也在打退堂鼓，它或者被我们的顽强

不屈吓退，或者因能量有限而无法继续折磨我们。总而言之，在与痛苦的较量中，我们要想获胜，就不能成为率先缴械投降的那一方。否则，一旦我们退出较量，我们也就失去了最终获胜的可能。

泰戈尔曾说，不管是处于顺境还是处于逆境，人生就是一场不断征服各种困难的斗争，我们要以一己之力战胜层出不穷的困难。所以，我们必须坦然面对人生的不如意，迁就我们的生存环境，对这个世界多一些忍耐。的确，当我们主观上无法战胜客观的各种苦难和磨难时，当我们再怎么努力也无法改变客观外界时，我们唯有改变自己，才能适应外部的世界，才能战胜痛苦，迎来人生中柳暗花明又一村的境界。

人生，得意的时候要笑，失意的时候更要笑。所谓笑到最后的人才是笑得最好的人，不管什么情况下，我们都要成为那个笑到最后的人，这样才能真正赢得人生。现代社会，尤其是在职场上，很多人总是抱怨，总是觉得命运不公，所以他们活得很不如意。殊不知，命运是公平的，它虽然没有给你一个成功的爸爸，却给了你幸福快乐的家；它虽然没有让你拥有与众不同的才华，却让你拥有了快乐从容的人生；它虽然没有给你好运气，却让你努力付出就能得到回报。总而言之，命运没有亏待你，所以你完全无须沮丧绝望。然而不可否认的是，命运常常会故意考验人们的意志力。的确，好运从来不会凭空降临，细心的朋友们会发现，很多成功者之所以能够取得成功，都是在经历人生的诸多磨难之后，才得以提升和完善自我，从而担当重任的。

朋友们，不要抱怨自己没有被命运委以重任，而要先想一想自己在命运的磨难面前表现是否过关。很多人遭遇小小的打击就放弃自己，恨不得结束生命，毫无疑问，这样的人根本不可能得到命运的青睐，更不可能在众生中脱颖而出。对于年轻人而言，经受适当的磨难并非坏事，磨难能使我们的生命更加厚重，也能帮助我们更从容地面对人生。仅从表面上看，痛苦使人不堪；但是从深层次来看，痛苦却是使人进入人生新境界的必经之路。朋友们，让我们学会在人生痛苦的跑道上努力冲刺吧，只要我们坚持不懈，就一定能够冲到人生的转弯处，从而进入人生更新更高的境界，给自己新的机会拓展人生。

有度量，人生才会有大天地

纵观古今中外，大凡有所成就的人，无一不是心怀宽容、有度量的人。如果说斤斤计较的人心眼比针尖还小，那么这些伟人则胸怀天地宽。的确，仇恨是人生的毒瘤，不但使我们更加仇恨他人，也使我们无法原谅和释放自己。如果一个人心怀仇恨，就像是把自己始终囚禁在牢笼中一样，使得自己陷入痛苦、犹豫、纠结、不安之中。人们常用"大肚能容，容天下难容之事；慈颜常笑，笑天下可笑之人"来形容弥勒佛。提起弥勒佛，人们总会想起他笑眯眯的样子。他的肚子很大，象征他胸怀宽广，能够容得下一切烦恼的事情；他总是笑口常开，是因为他宽容豁达，所以心中快乐。

提起忍耐，人们都会说忍字头上一把刀，这恰恰意味着忍耐并不容易做到；唯有"海纳百川"，人才能真正做到忍耐。有度量的人，是有大格局且胸怀宽广的人。他们不但自身素质很高，而且有良好的道德修养，因而能够在内心产生强大的力量。所以说，有度量的人才会拥有开阔的人生天地，才能最大限度地提升自己的人格，使自己变得勇敢无畏。

在南非，曼德拉就像是一面旗帜，始终带领着南非人民坚持不懈地斗争。当年，曼德拉因为率领人民反对种族隔离的政策，被捕入狱。在荒无人烟的大西洋罗本岛上，曼德拉度过了漫长的18年。其间，曼德拉已经进入人生的暮年，但是白人统治者丝毫没有对他手下留情，而是像对待身强体壮的年轻犯人一样苛刻、残酷地虐待他。面对这样悲惨的监狱生活，曼德拉依然坚定不移，从未屈服过。

罗本岛非常小，岛上到处怪石嶙峋，还有蛇、海豹等危险动物出没。在集中营里，曼德拉居住在一个铁皮建成的房子里，白天还要工作——砸碎那些坚硬的石头。有的时候，他也需要采石灰，或者是从寒冷彻骨的海水中采摘海带。每天清晨，他都和其他犯人一起排队走到采石场挖石灰。由于曼德拉身份特殊，所以有三个看守一起负责看管他，简直连只苍蝇也无法靠近曼德拉。而且这些看守心肠很坏，总是想尽办法折磨曼德拉。可想而知，曼德拉是靠着多么坚强的毅力，才勉强熬过这18年的。

1994年，曼德拉当选总统，在就职典礼上，他做出了一个举世震惊的行为。当总统就职仪式开始之后，他先对各国政要作了礼节性的欢迎和感谢，后来居然感谢当年曾经在集中营里负责看守他的那三个人。为了更好地向大家介绍那三位看守，他特意请他们站起来，让在场的每一位嘉宾看到。世界见证了曼德拉的真诚，他是如此宽容博大，甚至让那三位白人看守羞愧不已，也让在场所有人为他折服。后来，年迈的曼德拉更是站起来，当着全世界的面，毕恭毕敬地对着那三位看守鞠躬致意。在那一刻，整个世界都被曼德拉征服了，整个世界都安静了。

曼德拉为何要这么做呢？原来，他年轻的时候脾气急躁，性格暴躁，而他之所以能够在艰难的监狱生活中活下来，正是因为他在漫长的监狱生涯中学会了控制自己的情绪，学会了忍耐，学会了以正确的方式处理心中烦躁的情绪。曼德拉告诉朋友们，唯有经历痛苦与折磨之后，人们才能学会感恩与宽容。为此，在离开监狱的那一刻，为了让自己真的离开监狱，他决定放弃所有的悲伤绝望和悲痛怨恨。曼德拉做到了，他连人带心地离开了监狱，彻底解放了自己。

仇恨是一把双刃剑，既伤害了他人，也更深地伤害了自己。人生在世，活着原本就很艰难，如果再让心中的仇恨疯长，那么活着会变得更难，更痛苦。哪怕在人生中遭遇了许多的坎坷和挫折，我们也要学会抹去仇恨，从而坦然面对人生的磨难。要知道，以牙还牙的行为是最低级的人际交往方式，也是处理人际关系问题最糟糕的办法。如果我们受到他人的伤害后又不假思索地去伤害他人，那么，正所谓冤冤相报何时了，最终我们与他人之间的仇恨会越来越深，而且报复会不断地循环往复，永远也没有终结的时刻。哪一个聪明的朋友，愿意自己的一生就这样在冤冤相报之中糊里糊涂地流逝呢？当被问及这个问题时，相信很多朋友都不会作出愚蠢的选择，但是在现实之中，偏偏有很多人无形中作出了这样的选择，其结果也是使人遗憾的。

现代社会中，也许是因为生活节奏快、工作压力大，所以很多人心态浮躁，越来越无法从容面对生活中的很多事情。正因为如此，在情绪的暴怒中，他们把那些原本不值一提的小事变成了后果严重的大事情，最终后悔不已。然而，世界上根本没有卖后悔药的，与其等到事情发展到不可收拾的时候再懊悔，不如在事情发生之前就学会控制自己的情绪，学会忍耐，这样我们才能做到有容乃大，宽容我们面对的人和事情，也宽容我们自己，最终获得精彩人生。人们常说，一个人拥有多少，取决于他的心能够容纳多少、包容多少。这句话是很有道理的。所谓"海纳百川有容乃大，山高万仞无欲则刚"，我们唯有以开阔的心面对人生，才能拥有天高地远的开阔人生，也才能活出精彩充实的人生。

不要透支人生的烦恼

有一个热爱写作的年轻人，在把自己的处女作投稿之后，每天都焦急地留在家里守着电话，生怕错过任何一个电话，有的时候邮递员骑着电车打铃的声音也使他猛然一惊，在这样的紧张不安中，他根本无法做好任何事情。随着时间一天天流逝，他心中的希望越来越小，他变得更加不安。一个月之后，他完全崩溃，甚至把自己的很多手稿都付之一炬，并且发誓再也不写任何文字了。就在此时，他突然接到电话，原来他的作品被出版社采用了，出版社希望他好好完善作品，然后准备出版。年轻人懊悔不已，因为他的很多手稿已经被他付之一炬，他不得不再次辛苦地完成作品。

人生之中，每个人都会有忧虑，然而并非所有的忧虑都是必要的。就像这位投稿的年轻人一样，理应知道一般投稿的回应期是三个月之内，他未免太心急了，所以才会让自己如此焦灼不安。如果他能够更加耐心一些，等待出版社的回音，哪怕自己的文稿最终被出版社拒绝了，也能够再接再厉，持之以恒，那么他或许能获得更大的成就。可想而知，一个不能够从容面对失败，也不知道在失败面前坚持努力的人，是很难有伟大的成就的。

曾经有个心理学家进行过一项特殊的实验，目的在于验证日常生活中总是困扰人们的忧虑到底有多少存在的意义。心理学家让诸多实验对象都在一张纸上写下自己忧虑的事情，之后，心理学家把这些纸收起来，让实验对象继续自己的日常生活。一段时间之后，心理学家把实验对象召集到一起，并且把他们曾经写下的那张纸分发给他们，让他们检验到底有多少他们曾经忧虑的事情真的已经发生了。结果，只有极少数人忧虑的某一件事情真的发生了，事实证明他们此前的大多数忧虑完全是没有必要存在的。不管他们是否忧虑，生活都如常，该发生的还是会发生，不该发生的依然没有发生。由此可见，很多忧虑根本没有必要存在，我们完全可以抛弃那些忧虑，无忧无虑地生活。这样一来，我们就如同卸下沉重的负担，人生也会变得步履轻盈。

退一步而言，就算那些忧虑真的会发生，我们的担忧也不会对于事情的发生和发展有任何好的作用。当很多事情无可避免的时候，最好的办法就是从容面对，勇敢地解决问题。聪明的犹太人曾经说过，只有为忧虑而存在的忧虑，才是正确的忧虑。从这句话不难看出，忧虑的事情并不值得我们苦恼，只有被忧虑这种情绪困扰和影响生活，才是我们真正应该担心的。中国的典故"杞人忧天"，也正是告诉我们没有必要忧虑的道理。

　　人生有的时候的确需要超前，诸如我们上学的时候要预习，从而让我们在学习方面占据主动和先机；我们工作的时候要提前完成一定的量，这样我们在未来的工作中才会更轻松。但是人生也有很多事情需要按部就班，并不能超前。如我们的成长，要一步一步来，揠苗助长是绝对不行的。再如我们的忧虑。面对那些让我们忧心忡忡的事情，我们可以尽量提前采取措施，防患于未然，但是不要陷入毫无意义的忧虑之中，因为忧虑本身除了使事情更糟糕之外，根本不可能帮助我们解决任何问题。所以，在感到忧虑的时候，朋友们，不要一味地陷入惊慌失措的恐惧之中，也不要一味地逃避，这些都无法帮助我们处理好问题，只会使我们心中惶恐，使我们的生活状态也变得不安。认真想一想，我们就会发现，我们的忧虑完全没有存在的理由，我们唯一需要做的就是处理好手中的事情，活好当下的每一刻。这一点，只有抛开忧虑、全心全意地面对生活，我们才能做到。

　　记得在三毛笔下，有个女人因为过度忧虑生活，变得不能正常地行走，甚至瘫痪在床。实际上，这个女人完全是心理疾病，而身体上没有任何实质性的疾病。在家境越来越困苦的情况下，这个女人的病情也越发严重，实际上是心理上的逃避导致她放弃了身体上的努力。三毛去探望她，给她和她的家人买了很多东西。她心情渐渐变得好起来，居然可以站起来勉强走几步。很多新闻报道中说原本坐轮椅的人在强烈刺激下突然能够站起来走路，也是因为他们在紧张的状态下忘记了心中的障碍，从而成功超越了自我。

朋友们，为了拥有幸福快乐的人生，让我们从现在开始放下忧虑，轻松地拥抱和享受生活吧！当我们的心变得轻松时，你会发现我们的人生也变得更加不同！

自嘲，是最好的解围方式

人生在世，难免会遇到各种各样的尴尬事，这些尴尬事或者是不经意间发生的，或者是他人故意刁难我们导致的。面对尴尬的情况，很多人会恼羞成怒，甚至会对他人怒目而视，与他人展开争执，导致不欢而散，甚至有可能酿成恶果。其实，如果采取更为恰当的方式处理尴尬，化解冷场，也许事情就会有完全不同的结果。

曾经有位伟大的人说，一个人成熟的标志，就是能把对他人的嘲笑转化为自嘲。毫无疑问，没有人愿意遭到他人的嘲笑，哪怕自己做错了或者出糗了，我们还是希望得到他人的尊重。通常情况下，来自他人的嘲笑，总是让我们无地自容，也让我们非常尴尬和难堪。而自嘲的效果则截然不同，如果说被他人嘲笑是被动的，那么我们主动地自嘲，则是把主动权再次争取到自己手中。如果没有足够的自信，没有宽容的气度，一个人很难做到如此，因而自嘲非但不会使我们陷入尴尬，反而能够帮助我们从尴尬中脱身，并让我们得到他人的认可和赞美。

现代社会，很多年轻人都是独生子女，从小就生活在父母的照顾和呵护中，因而根本不懂得为人处世之道。一旦走出大学校园，进入社会之中，他们很容易陷入复杂的人际关系中而不知道如何处理。尤其是在待人接物方面，他们更是有所欠缺，甚至因此给自己招致很多麻烦。越是在这样的情况下，年轻人越是应该学会自嘲，这样一则可以缓解与他人相处时的尴尬和难堪，二则可以以谦虚大度的姿态给他人留下良好的印象，从而在人际交往中处处受人欢迎。

在一个高档俱乐部里，经常会有有权有势的人光顾。在一次招待会上，一个新来的服务员在倒酒的时候，不小心把红酒洒到了一位贵宾的头上。巧的是这位贵宾是秃顶，连一根头发都没有，服务员惊吓过度，就这样眼睁睁地看着暗红的葡萄酒从贵宾的头上流淌下来，他简直要哭出来了。其他在场的客人也很紧张，不知道这位贵宾会如何责骂这位服务员呢！这时，贵宾却不以为然地笑着说："兄弟，我觉得你的出发点是好的，你的心意我也领了，但是我已经验证过了，用葡萄酒洗头的方式真的对长出头发没有任何作用。"贵宾这句话刚刚说完，现场紧张的气氛马上得以化解，大家全都哈哈大笑起来，服务员心情放松下来，赶紧拿来温热的毛巾为贵宾处理头上的污渍。

一个人，必须有足够的勇气，才能自己开自己的玩笑。反之，一个非常自卑且缺乏自信的人，是无法泰然自若地拿自己开玩笑的。当然，自嘲者也需要具有宽容的胸怀和气度，才能在维护尊严的情况下，消除自己的尴尬和难堪。为此，自嘲成为举世公认的幽默方式，而且作为幽默极高的表现形式之一，为很多人所喜爱。通常情况下，人们都是很善意的，如果看到有人自嘲，他们往往能够会心一笑，帮助他人消除尴尬。不得不说，心有灵犀者之间的自嘲往往更加巧妙机智，而且效果显著。

当然，凡事皆有度，自嘲和毫无原则地贬低自己完全不是一码事。自轻自贱、自我贬低，只会让他人瞧不起，而自嘲却能帮助我们得到他人的认可和肯定。从本质上而言，自嘲是一种更高形式的谦虚，更是对自己在紧张状态下的一种积极调节。大文豪鲁迅先生就曾经主张人们要主动"解剖"自己，我们作为普通而又平凡的人，更要客观公正地了解和评价自己，从而变得更加坦率真诚。

朋友们，当你们陷入窘境不知道如何面对时，不妨勇敢机智地自嘲吧！只要你们敢于拿自己开玩笑，而且相信自己的自我嘲讽能起到幽默的效果，最终的结果就不会太差。尤其是当你说出自嘲的话之后又率先笑起来的时候，你更会觉得浑身轻松。大多数人之所以觉得尴尬，不过是怕别人嘲笑自己；而当我们抢先嘲笑自己后，别人也就不会嘲笑我们了。退一步而言，就算别人真的嘲笑我们，我们也因为先迈过了自己心中的坎，所以对他人的嘲笑有了免疫力，当然不会再觉得尴尬。由此可见，自我强大的过程是漫长的，我们必须从方方面面提高自身的心理承受能力，才能把人生的道路走得更轻松自如、心情愉悦！

第 13 章

能力不够强就要去变强，日子若难过更要努力过

现代社会，很多人对人生感到不满意，总觉得命运亏欠自己太多，并且总是不遗余力地折磨自己。实际上，并非我们的人生如此艰难，所有人的人生都不是一帆风顺的。可以说，坎坷、挫折和磨难总是与人生如影随形，唯有与这些磨难更好地相处，我们才能走好人生之路。因而不管人生多么艰难，不管日子多么难熬，我们都要认真地对待，从而拥有属于自己的人生，活出属于自己的精彩。

淡定行走人生，避免乐极生悲

现实生活中，既会有各种各样的磨难，也会有形形色色的意外惊喜和生命馈赠的礼物。很多人面对坎坷境遇的时候总是一蹶不振，一旦有了一点点好运气，又马上自信心爆棚，得意得忘乎所以。殊不知，人生之中，悲剧和喜剧哪个先上演，根本没有人知道。所以，我们要做的就是从容面对人生的悲喜，既不因为挫折而沮丧绝望，也不因为顺遂而得意忘形。一个真正明智的人，知道唯有以平常心面对人生，才能淡定从容地走好人生之路。

曾经有心理学家经过研究证实，人在极度愤怒的情况下，智商会瞬间降低。同样的道理，人在狂喜的时候，同样会因为得意而失去理智，无法作出正确的判断和选择。由此可见，不管是得意还是失意，实际上都是人生的常态，我们应该摆正心态，既不因为偶尔的得意狂喜，也不因为一时的失意悲愤。唯有保持平常心，我们才能理智思考，从容分析事情的走势和结果，最终获得清晰的思路。否则，一旦我们的情绪失去控制，我们的智商严重波动，也许我们就会在冲动之下做出让自己后悔的举动，可谓得不偿失。

汉景帝时期，大将军周亚夫是汉景帝的得力干将。当时，匈奴很不安分，经常找机会入侵北方边境，导致边境的老百姓民不聊生、苦不堪言、怨声载道。为此，汉景帝决定派出一名骁勇善战的大将军去平定匈奴之乱。思来想去，汉景帝觉得周亚夫是最合适的人选，但是汉景帝也意识到周亚夫战功赫赫，未免有些居功自傲，因此他决定先打压周亚夫的气势，再派他出征。为了让周亚夫收敛自己的脾气，不再自以为是，汉景帝煞费苦心地安排了一场宴席。在这场宴席上，诸位大臣都端坐在案，并对汉景帝的宴请心怀感恩；但是大家等了很久，周亚夫迟迟没有到来。看到周亚夫如此盲目托大，汉景帝很生气，命令侍从悄悄收走周亚夫的餐具，只等着看周亚夫到来之后出洋相。

原来，周亚夫当真听到风声，知道汉景帝将会派自己去击退匈奴，因而更加趾高气扬。参加汉景帝的宴请，其他大臣全都穿着庄重的礼服，周亚夫却穿着随随便便的衣服，甚至还特意叮嘱车夫晚一些出发，从而显出自己重要的、无人能及的地位。然而，他姗姗来迟入席后，却发现自己的餐桌上根本没有餐具，因而便当着汉景帝的面大声斥责侍从，命他们去给他拿餐具。他言语之间丝毫不顾及汉景帝，致使原本只是想给他个教训的汉景帝勃然大怒，因而马上当着所有人的面训斥他："你赶快走吧，我们这里不需要你！"后来，汉景帝找了个借口，把周亚夫关入监狱，性格倔强的周亚夫绝食而死。汉景帝因为内忧外患，日夜操劳，不久之后也染上疾病，吐血身亡。

原本是一件好事情，只因为周亚夫分不清楚自己的身份地位，而且以功臣自居，甚至不把汉景帝放在眼里，又因为得知自己要奔赴沙场为国立功，因而更加无所顾忌，最终，他饿死在监狱里，以悲惨的方式结束了自己的戎马一生。同时，因为失去周亚夫这

个得力干将，汉景帝内忧外患，最终也吐血身亡。这样的结果令
人感慨唏嘘，也使人感到非常遗憾。可以说，周亚夫和汉景帝都
没有很好地控制自己，导致事情走向恶化的极端。

现实生活中，很多人也经常因为过于爱面子，情绪容易冲动，
导致自身陷入尴尬的境地。其实，社会上很多后果严重的事情本
身的起因很少，而且也没有那么重要。之所以最终酿成恶果，就
是因为人们无法很好地控制自己的情绪，导致事情在极端的情绪
之中朝着极端的方向发展，最终乐极生悲，变得不可挽回。

朋友们，生活之中总会有各种各样的意外发生，带给我们的
或者是惊喜，或者是惊吓。不管是什么事情，我们都应该理智面
对，保持情绪的平稳，这样我们才能妥善处理好问题，才不会因
为冲动做出让自己后悔万分的举动。记住，怒不可遏或者是歇斯
底里的行为表现对于我们解决问题没有丝毫帮助，有的时候还会
导致事与愿违，使事情朝着相反的方向发展。真正明智的人，会
知道保持理智有多么重要，也会不遗余力地控制好自己的情绪，
从而保证自己能作出最佳的判断和选择。

看得开，放得下，不被感情困扰

有人说，爱情是造物主赐予人类最美好的礼物。的确，爱情
是非常神奇的，这个世界也因为有了爱情的存在变得更加美妙。
对于每一个人而言，拥有爱情是最甜蜜幸福的事情，当两颗心在
爱的牵系下变得更加亲密无间时，只怕相爱的人心都浸泡在蜜罐

里了。然而，爱情是把双刃剑。对于相爱的人而言，爱情当然是这个世界上最美好的感情。遗憾的是，美好的东西总是很难留住，爱情同时也是这个世界上最脆弱、最不容易保鲜的感情。曾经有心理学家经过研究证实，爱情的保鲜期非常短暂，有的爱情只能维持几天的时间，就像是一闪而过的激情；有的爱情能够维持几年的时间，但是随着时间的流逝，爱情的烈焰必然渐渐变得微弱。所以有人说婚姻是爱情的坟墓，也有婚恋专家告诉人们爱情要想保持长久，必须转化为亲情，或者转化为友情，唯有如此，相爱的人才能在婚姻生活中一直相依相伴，而不彼此厌弃。

人生就像一条河流，很多人在其中尽情享受着爱情的甜蜜，有的人却陷入爱情的旋涡中无法自拔，甚至最终和所爱的人因爱生恨，同归于尽。这样决绝的爱情使人遗憾。究其原因，是因为相爱的人拿得起，放不下，在爱情已经烟消云散之后依然纠缠不休，以致酿成恶果。

年轻人在初尝爱情的滋味时，未免会因为一时的激情飞蛾扑火；在爱情渐渐褪色后，他们却无法接受这个事实。尤其是当爱他们的人率先选择放手时，他们或者愤愤不平，或者觉得自己被人抛弃，甚至认为自己遭到了恶意的欺骗。在很多社会新闻中，我们不止一次看到有些年轻人因为与爱人分手，或者对着自己曾经心爱的姑娘泼硫酸，手段之残忍令人发指；或者杀害自己曾经心爱的人，完全是得不到对方就要将其毁灭的节奏。不得不说，这是自私的爱，也是变态的爱，更是为社会道德和法律所不容的爱。他们不但毁灭了他人，也毁灭了自己，更是让自己和爱情一起葬身在无法逃脱的旋涡里。这真的值得吗？"生命诚可贵，爱情价更高。若为自由故，两者皆可抛。"这首诗告诉我们，任何情况下，自由都是比生命和爱情更加可贵的。为了惩罚一个已经不爱自己的人而采取极端手段，使得自己也失去自由，不得不说这是非常不理智的行为。

人生苦短，我们当然要抓住机会享受美妙的人生，但是我们也要及时从感情的旋涡中脱身，明白放手也是一种爱，更是对自己的救赎。爱情的来去是不以人的意志为转移的。而且爱情必须是双方的，才会一拍即合，更加甜蜜。面对一个已经不爱我们的人，哪怕我们心中还有爱，也要学会克制自己，也要知道强扭的瓜不甜。唯有学会果断放手，我们才能在爱情结束时维持自己的尊严，不做摇尾乞怜的乞求者。因为爱情不是同情，爱情是乞求不来的；相爱的人应该完全平等，这样才能全身心投入地去爱。

遗憾的是，古今中外，很多有才华的人因为看不透爱情的迷雾，最终迷失在爱情之中，甚至为此失去了生命，令人不禁扼腕叹息。

19世纪，梵高作为一名画家，始终在艺术的道路上艰难跋涉。他的感情生活也极其不顺利，在短暂的一生之中，他虽然经历了几次恋爱，但是都没有修成正果。在第一次恋爱中，他对美丽的少女厄秀娜一见钟情，然而厄秀娜却对他不忠诚，最终对另外一个男人投怀送抱。为此，梵高非常痛苦，每天都不停歇地作画，以此逃脱失恋带来的沮丧绝望和深切痛苦。一个偶然的机会，他认识了落落大方、待人真诚的凯表姐。他好不容易才找到机会向凯表姐倾诉自己的感情，但是凯显然受到了惊吓，因而一语不发地离开了，从此之后再也不愿意与梵高相见。

　　梵高不知道自己到底是怎么了，为何爱情总是对他若即若离，不愿意满足他对爱充满渴望的心呢！在又一段恋爱中，梵高喜欢上了照顾他的克里斯蒂娜。克里斯蒂娜曾经是一名妓女，也当过梵高的人体模特。有的时候，看到梵高根本不能照顾自己，克里斯蒂娜还会主动帮助梵高洗衣做饭，照顾梵高的饮食起居。梵高和克里斯蒂娜日久生情，克里斯蒂娜也表示会在梵高具有养家糊口的能力时嫁给梵高。然而，梵高实在太喜欢画画了，他总是把自己挣来的钱毫不心疼地用于画画，或者买颜料，或者雇用其他的人体模特。克里斯蒂娜为此很生气，因为她身体不好，需要很多钱买营养品保养身体，为此她经常和梵高争吵，最终和梵高不欢而散。最终，对生活和爱情万念俱灰的梵高，在贫病交加中选择自杀，结束了只有37岁的生命。

　　毫无疑问，爱情对于梵高很吝啬，因为内心愁苦的梵高从未真正拥有爱情，所以他在对爱情绝望之际，也对生活彻底绝望，更对生命彻底绝望。这样消极的想法和残酷的生活，使他最终走上绝路。如果梵高身边有爱人的陪伴，也许他能在漫长的人生路上支撑更长的时间，甚至最终拥有圆满的一生。

　　作家三毛也因为感情问题，选择了以自杀的方式结束生命。曾经，三毛说自己是"不死鸟"，而且发愿要在父亲、母亲和丈夫的生命中最后离开。到底是什么样的无助和无奈，令三毛选择让年迈的父母承受他们无力承受的失去至亲至爱之人的痛苦呢？是因为她至爱的丈夫荷西因意外事故去世，给她的人生带来了挥之不去的阴霾。其实，对于每个人而言，谁都不知道自己在这个世界上与爱人、亲人之间的缘分到底有多长。命运总是自有安排，让我们猝不及防。假如三毛能够走出失去荷西的阴影，勇敢地开始自己新一阶段的人生，那么这个富有才情的女子也就不会让父母白发人送黑发人了。在为三毛与荷西的感情感动的同时，我们也应当更加深入地思考人生的意义。

爱情是这个世界上最神奇的感情，既能够救赎我们，也会让我们陷入感情的旋涡中无法自拔。所谓爱之深则恨之切，恨之切，指的是人在面对爱人的背叛时常有的心态；爱之深，则是无论如何也放不下，如三毛面对荷西的离去始终无法释怀。不管爱人以哪种形式离开，都必然让我们的天空塌陷一半。然而，只要活着，一切就总要继续下去，我们应该坚强地走出来，或是为了逝去的人享受双倍的幸福快乐，或是把我们的坚强洒脱展示给那个决然离去的人看！

绝望时，积极准备更重要

对于大多数20岁出头的年轻人而言，若非有着成功的父辈，极少有人能仅凭一己之力迅速崭露头角。因此，在20多岁的年轻人群体中，默默无闻是常态。所以，20多岁正是年轻人奋力拼搏，默默为人生的腾飞作准备的人生阶段。遗憾的是，很多20多岁的年轻人都没有踏实的心态，他们一心一意想的只是如何才能一夜之间就成名，或者突飞猛进、取得人生之中质的飞跃。实际上，这完全是痴人说梦，也是根本不可能做到的。

人们常说，吃得苦中苦，方为人上人。对于20多岁的年轻人而言，更是要牢记这句训诫，摆正心态，面对人生的挫折和磨难时，甘之如饴地品尝人生的苦涩滋味。有的时候，命运的确是非常残酷的，它对于任何人都毫不怜悯，还会时常想尽办法打击那些原本心怀希望的年轻人。由于对人生的渴望和憧憬从未实现，由于打击和折磨总是接踵而至，很多年轻人在绝望之中渐渐放弃希望，甚至不愿意再继续努力。殊不知，在你绝望的时候，厄运也已经身心俱疲，正准备全速撤退呢！所以，我们要想在与厄运的博弈中取胜，最重要的就是坚持到最后一刻，不成功决不放弃。

如今，很多人都把概率挂在嘴边，总觉得一件事情唯有成功的概率大才值得努力去做；反之，如果一件事情成功的概率很小，那么就应该放弃，甚至连尝试都不必去做。不得不说，仅仅是这样的心态，就会令我们注定与成功无缘。细心的朋友们会发现，古今中外大多数成功者，一定都是能够在艰难困苦或者看似没有出路的绝境中坚持到最后的人。他们有着坚定不移的信念，有着顽强不屈的意志，对于自己决定要去做的事情，哪怕成功的可能性只有百分之一，他们也会不遗余力，付出百分之百的努力。这才是成功者应该有的态度，也是人们获得成功的必备素质和通往成功的必经之路。

人生的道路总是起起伏伏，没有人知道自己的一生会遭遇怎样的境遇，而人生的魅力也恰恰在于未知。与其揣测人生、杞人忧天，我们还不如调整好自己的心态，做到以静制动，以不变应万变。要记住，人生之中哪怕遭遇再大的痛苦，只要我们坚持下去，这痛苦也终将结束。不要被一次次的失败消耗掉自己所有的信心，要知道，失败是成功之母，也是成功的阶梯，只要我们理智面对失败，主动从失败中寻找经验和教训，那么我们必然会随着失败次数的增多，变得更加成熟和强大。

人们常说，机会总是给有准备的人准备的。的确，如果一个人遭遇小小的挫折就彻底放弃，那么如何能够获得成功的万分之一可能呢！唯有在身处绝境时依然心怀希望，依然坚持努力，依然随时作好抓住机会获得成功的准备，我们才能得到命运的偏爱，得到成功的青睐，才能真正获得成功。

高考时，成绩一般的刘伟落榜了，没有考上理想的大学。虽然父母劝说他复读一年，但是考虑到父母年纪大了，家里经济情况也不好，懂事的他主动放弃复读，选择外出打工，减轻父母的负担。

刘伟是高中生，在遍地都是大学生的现代社会，他根本找不到好的工作。来到大城市后，眼看着随身带来的生活费马上就要用完了，刘伟决定当一名送水工。众所周知，一桶水几十斤，送水工每天不知道要扛着沉重的水桶爬多少次楼，是非常辛苦的。为了多挣一些钱，刘伟每次送水都细心地记下顾客的姓名地址和电话，从而设计出最佳的路线。如此争分夺秒，使他每个月的薪水都能比别人多一两百元。很多年轻人只是把送水的工作当成跳板，一旦找到了更好更轻松的工作，他们就会马上跳槽，或者去当服务员，或者去当保安。只有刘伟，自从送水的第一天开始就扎下根来。原来，他的理想比每个人都更远大，他想有朝一日开一家属于自己的送水公司。

5年的时间过去了，在这5年里，刘伟不但为自己积累了一些资金，而且也完全摸清楚了开送水公司的门道。正在此时，正好他的老板有了更好的发展，想把送水公司卖出去，改做其他的行业。刘伟马上抓住这个机会，不但掏出自己所有的积蓄，还贷了几万块钱的款，从此之后摇身一变成为老板。五年磨一剑，因为有着丰富的经验，刘伟轻轻松松地就把公司经营得很好。1年之后，他就还清了所有贷款。几年之后，当当年和他一起打工的人还在四处奔波找工作糊口时，他已经在大城市有房有车，真正站稳脚跟了。

刘伟之所以能够成功，是因为他在看似使人绝望的生存环境中从未放弃过努力。哪怕别人都嫌弃送水的工作太累，他也不怕苦、不怕累，反而非常用心，每个月都能赚取比别人更高的薪水。哪怕和他同来的送水工在坚持一段时间之后都纷纷跳槽，去干更加轻松的工作，他也绝不放弃，因为他始终牢记自己的梦想——开一家属于自己的送水公司。正是在这样的不懈坚持下，刘伟才能最终实现梦想，成就自己。

无数人成功的经验告诉我们，一个人要想获得成功，就不能轻易放弃。哪怕看不到希望，哪怕看似身处绝望的境地，我们也要更加积极努力，这样才能始终作好准备，迎接千载难逢的机会，获得成功的契机。朋友们，当你们觉得生活无望，当你们觉得自己即将筋疲力尽的时候，一定要告诉自己：我离成功只差一步的距离。有的时候，成功就在生命的拐弯处，只要我们怀着积极向上的心，只要我们始终坚持作好充分的准备，就能顺利走出生命的低谷，迎来人生中的柳暗花明。

过于精明的心，是幸福的杀手锏

正如一首歌里唱的，"我能想到最浪漫的事，就是和你一起慢慢变老……"的确，对于爱情而言，最浪漫的事情就是"执子之手，与子偕老"，就是在我们老得掉了牙的时候，也依然有人把我们当成手心里的宝。每当耳边响起这熟悉的旋律，我们的心也会变得柔软，甚至一瞬间就充满了温情。

毫无疑问，每个人都向往爱情的美好，也都渴望着一生之中能拥有美好的爱情。然而，现实是残酷的，哪怕是轰轰烈烈的爱情，最终也会潜入生活中变得平淡。正如有专家所说的，爱情的保鲜期很短。正因为如此，我们要做的不是放弃爱情，而是在和爱人的朝夕相处中经营好爱情，用心浇灌爱情。当爱情日渐醇厚，变成亲情和友情时，我们对于爱情也会更加投入和专心，爱情仿佛骨血，已经融入我们的生命，再也不会被遗忘或片刻忘记。从满头青丝在一起打情骂俏，到满头银发携手夕阳下，这样的情形想一想就很美好，让人心底不由得涌起柔软的爱意，眼角眉梢也绽放出不同的光彩。然而，爱情也绝不是完美的。尤其是对于很多不谙世事的年轻人而言，"相爱容易相处难"不再是一个魔咒，而是现实的写照。

如今，很多"80后""90后"都是独生子女。他们从小在父母的精心呵护和无微不至的照顾下长大，因而他们非常自我。尤其是在与他人相处的过程中，因为从来都习惯了被照顾，所以他们也很容易以自我为中心，不愿意为了他人放弃自己的一点点利益。试想，如果两个脾气秉性都唯我独尊的年轻人在一起相处，该有多么"劲爆"！他们爱的时候轰轰烈烈、惊天动地；因为各种各样的小事情发生争吵的时候，也会不遗余力，甚至竭尽全力。

如果说几十年前的传统爱情是以牺牲和奉献为基本原则，那么在自我意识复苏的年轻人的爱情中，自我和独立则成为主流。虽然很多年轻人可以深深地、不顾一切地爱一个人，却不愿意在生活中的琐碎小事上作出丝毫让步。他们总是斤斤计较，对于爱情过于挑剔和苛责，甚至不能容忍爱人有一点点的不完美。尽管他们知道金无足赤，人无完人，也知道自己本身也有很多的缺点和不足，但是他们"只许州官放火，不许百姓点灯"，特别缺乏为所爱的人作出让步和奉献的精神。有些年轻人对于自己拥有的东西不知道珍惜，直到失去的时候，才追悔莫及。

现实生活中，很多人在寻找爱人的时候，都恨不得找到这个世界上最完美的人。殊不知，世界上绝无十全十美的人，每个人都有自身的优点和缺点，正所谓"尺有所短，寸有所长"，我们唯有权衡利弊，作出理智的选择，才能找到与自己最合适的爱人。说到最合适，人们不免想起那句至理名言——鞋子是否合脚，只有脚知道。的确，社会生活中有很多世俗的标准，但是我们却未必要完全遵照世俗的标准而行。一则是因为他人的标准未必完全适合我们，二则是因为我们有自己的需要，不管作出什么选择，都要符合自己的需求。唯有不盲目听从他人的意见，坚持听从自己心的指引，我们才能作出最佳的选择，也才能不为自己的选择懊悔不已。

虽然寻找伴侣对于每个人而言都是人生大事，但是也不可过于固执。既然这个世界上根本没有十全十美的人存在，那么我

们更要问清楚自己的心，到底想找到怎样的爱人。如有的人看重
人品，希望自己找到一个品质高尚的人，那么就不要过于在乎外
表；有的人崇尚才学，不在乎外表，只想找到一个真正的才子或
者才女；有的人看重金钱，为了让自己后半生衣食无忧，只想找
到一张长期饭票，那就不要奢求对方会给予你真正的爱情，因为
你们之间很有可能只是在美貌和金钱之间各取所需而已……总而
言之，就像写作文要有侧重点一样，我们在寻找爱人的过程中也
要问清楚自己的心，这样才能在心的指引下找到正确的方向，作
出正确的选择。

历史上，神机妙算、才华横溢的诸葛亮明明可以娶到很漂亮
的妻子，但是他最终娶了长相丑陋、粗鄙的黄硕。很多人都不理
解诸葛亮的选择，甚至以诸葛亮作为反面教材教育家里的儿子不
要娶丑妻。只有诸葛亮自己知道，黄硕非常聪明，而且家里家外
都是一把好手，待人处事也很周到。后来，朋友们终于理解了诸
葛亮的选择，对待黄硕也从冷漠到重视再到发自内心地尊重，最
后居然非常仰视黄硕的才学，再也不为黄硕的丑陋而耿耿于怀。
也正因为有了黄硕这个贤内助，诸葛亮一生才能顺利发展，取得
了至高的成就。

绝顶聪明的诸葛亮，在选择人生伴侣时绝不一味地看长相，
而是更看重伴侣的心灵和智慧。我们在寻找人生伴侣的时候，也
应该把心放得更宽一些，让眼光更长远。很多女人都羡慕其他女
人找爱人的时候找了一只潜力股，殊不知她们最初的本心只是希
望和自己所爱的人一起奋斗而已。当我们的心变得宽容博大，当
我们对于爱人不再斤斤计较、苛责不已时，我们的爱情也会更加

幸福圆满。

永远不要抛弃你的家人

不管世界多么大，也不管我们走了有多远，总有一个地方牵绊着我们的心，让我们即便浪迹天涯也始终不忘回家的方向。家，对于每个人而言都是再熟悉不过的，累了倦了，回家；伤心了难过了，回家；无处可去了，回家；遇到高兴的事情了，回家……家，是我们唯一的归宿，也是我们人生中永远的避风港。

有人说，人生是一场没有归途的旅程，那么家就是我们的庇护所，不管我们走到哪里，家都始终在我们的前方等待我们的归来；有人说，人生是一场没有硝烟的战争，我们每个人都在人生的战场上博弈，没关系，哪怕受伤了，只要回到家，就是安全的所在。中国影史上第一部票房超过 50 亿元的影片《战狼 2》，曾让全国人民沸腾。电影开头侨胞撤退的场面更是深深打动了无数人的心。那情那景，每一个海外侨胞唯一的心愿就是"赶快回家"。曾经在 2011 年亲历过利比亚撤侨行动的人，对于电影中的场景更是深有感触。因为他们知道，在战火纷飞中，在生命随时会受到威胁的情况下，回家意味着什么。曾经亲历利比亚撤侨行动的王先生说，有的侨胞在回到祖国的第一刻，下了飞机就扑倒在地，亲吻祖国大地。这样的感情是发自内心的，是无法遏制的，这是伟大而又深沉的中国情。是祖国的不断强大，让每一个只身在外漂泊的中国人，知道回家的意义。

如今，很多有钱人住着宽敞豪华的大房子，却没有家，因为房子不是家。房子可以在有风雨的时候遮蔽我们的身体，却无法给我们回到家里安心踏实的感觉。房子距离家之间，还缺少安宁、平静和脚踏实地的温暖。所以人们常说没有归属感的人就像是浮萍，飘来飘去。家，要想区别于房子，一定要拥有亲情。任何时候，亲情都使我们感到温暖，也使我们发自内心地放松。

家，还是我们可以展示真实自我的地方。现代社会生活节奏越来越快，工作压力越来越大，职场上的竞争也日益激烈。有的时候，在漫长的白日里，我们必须强颜欢笑、强打精神，与各种各样的人打交道。但是回家之后，我们却可以尽情放松自己，告诉自己此时此刻可以卸掉假面具，袒露自己的真心，说出一切想说的话而不必有所隐瞒。萧伯纳曾说，家是世界上唯一能够包容人们的缺点和失败的地方，家也是世界上唯一一个充满爱的地方。对于每个人而言，家都是无可取代的存在，都是绝无仅有的依靠和信任所在……

如今，很多年轻人都是独生子女，从小已经习惯了接受父母和长辈无微不至的关爱和照顾，因而他们反而对于家的意义没有那么深刻的理解和感受。对于拥有的东西不知道珍惜，直到失去了，想要挽回，却为时晚矣，这是很多人的常态。作为拥有家与爱的人，我们千万不要犯这样的错误，不要等到失去时才追悔莫及。人生在世，也许值得我们追求和珍惜的东西很多，但是恰恰是我们从出生就拥有的亲人和家庭，才是我们一生之中最应该视若珍宝的。

古人云，百善孝为先。的确，一个人唯有先孝顺自己的父母，才算得上是一个合格的人。假如一个人连生养自己的父母都毫不在乎，还会因为各种各样的原因，以形形色色的借口，抱怨和责备自己的父母，甚至与父母断绝关系，老死不相往来，那么他根本不配为人。现实生活中，很多人标榜自己品格高尚，却从不孝敬，更不顺从父母，而是处处与父母针锋相对，这样的人是有人格缺陷的。父母给了我们生命，不管做什么事情，父母的出发点都是为更好地照顾我们、关爱我们。所以，年轻的朋友们，不要再对父母怨声载道，要相信你的父母真的很爱很爱你，这种爱是毫无保留的爱，也绝不自私。小羊跪乳，乌鸦反哺，连动物对于自己的母亲都有如此深沉的爱，更何况是我们呢？

生活中，很多情况都是无法预料的。有的时候，哪怕父母抛弃了我们，我们也要对父母不离不弃。因为我们是父母的心头肉，父母的舍弃必然带着彻骨的痛苦。记得在《唐山大地震》中，地震突然发生的时候，父亲冲进大楼里救孩子，结果被倒塌的楼房砸死了。一对儿女被压在大楼下面，徐帆饰演的母亲面对救儿子还是救女儿的选择，简直心如刀绞，心痛到无法呼吸。也许是为了给死去的丈夫一个交代，她选择了救儿子，为丈夫留下一根独苗。她不知道，她艰难的选择被侥幸活下来的女儿牢记于心，并且因此恨了她一辈子。直到母亲已经进入垂暮之年，直到亲历地震救援，这个已经长大成人的女孩才原谅母亲，回到家里去找弟弟和母亲。诚然，母亲的选择对女儿来说是一种放弃，但是这种放弃的痛，让母亲宁愿死去的人是自己，被放弃的人是自己。当女儿了解母亲的心的那一刻，她真正地长大了。

人生在世，总是会遇到各种各样两难的处境。对于父母，我们要更多地理解和体谅。常言道，不养儿不知父母恩，或许，我们小时候不懂得父母的恩情，而有朝一日当我们也成为父母后，便会更加理解、宽容父母的一切选择。任何时候，我们都不能放弃曾经生养我们的父母，亲情，是我们在这个世界上生存的唯一的根。所以朋友们，即使你的家人放弃了你，你也要对家人不离不弃，永远不放弃家人。

第 14 章

每天做好一件事，
每天进步一点点

在人生的路上，我们无须随时随地和别人比，而应戒掉虚荣浮躁的心，只和昨天的自己比。因为，只有和昨天的自己比，我们才能知道今天的自己有没有进步，我们的努力是否得到了成效；只有和自己比，我们才能避免盲目羡慕他人，才能防止自己陷入欲望的深渊无法自拔。每天进步一点点，只要持之以恒，我们就会进步一大步；每天进步一点点，我们的人生就会变得更加从容，淡定不惊。

每一个今天，都是人生中仅有的一天

命运对于每个人都是公平的，每个人的人生都只有三天，即昨天、今天和明天。而且，每个人在人生之中唯一能够把握的只有今天，因为昨天已经过去，成为不可更改的历史；而明天还未到来，远远地遥不可及。我们要想充实人生，让我们的一生没有遗憾，就要把每一个今天都当成独立的一天。唯有如此，我们才能把握当下，活得更加充实而又美好。遗憾的是，很多朋友对于人生的三天总是会产生混淆。明明昨天已经成为历史，他们却为昨天的自己做得不够美好而总是对自己感到不满意，也导致自己的今天陷于懊丧之中，无法全力以赴地做好当下的事情。

毫无疑问，人们憧憬生命中的明天是理所当然的，更是无可厚非的；但是，若我们过于憧憬明天，甚至到了白日做梦的程度，那么最终的结果就是我们白白浪费了今天的时间，错失了今天。这么做的结果是什么呢？要知道，每一个人的明天都是由今天决定的，唯有充实地度过今天，我们才有可能拥有美好的明天。所以，朋友们，从现在开始，既不要沉湎于过去无法自拔，也不要盲目憧憬未来。要知道，我们眼下的今天在未来就会成为我们的昨天，而我们要想拥有美好的明天，就必须过好现在的每一个今天。如此绕口令似的说了这么多，其实无非是想告诉大家，只有今天才最有意义，才是生命中绝无仅有的一天，才是对我们至关重要的。

1871 年，温暖的春季，在蒙特瑞综合医院，一个迷惘的年轻人捧起了一本书，读了起来。在这本书里，他看到了一句影响自己一生的话。原本，他对于自己的人生感到茫然无措，甚至不知道何去何从。他总是陷入无边无际的忧虑之中，不知道自己该做些什么，也为即将到来的期末考试忧虑，更担心自己毕业之后能否进入一所好的医院，或者开一家属于自己的诊所，会拥有怎样的生活。毫无疑问，这个年轻人实在想得太多太长远了，所以他才会陷入忧虑之中无法自拔。

正是这句话，使他从此改变了人生态度，再也不会因为没有到来或者已经发生的事情忧虑。相反，他从此之后集中精力做好手中的事情，学好医学知识。最终，他不但成为牛津大学的教授，还创办了举世闻名的医院，可以说，他在医学领域取得了伟大的成就。因为他的杰出贡献，英国女皇还册封他为爵士。他，就是威廉·奥斯勒爵士。那么，他到底看到了怎样的一句话，才使自己茅塞顿开呢？他看到的话就是——"人生之中最要紧的不是看着模糊的未来，而是把现在的事情做好"。

正是凭借着这句话，威廉·奥斯勒爵士获得了成功，在医学领域取得了世界瞩目的成就。其实，我们在人生之中的很多时刻，都在为遥远的、还未发生的事情担忧。殊不知，这些事情未必会发生，而且即便真的发生了，也未必如同我们想的那么糟糕。所以我们与其为了未来焦虑，不如把握好当下，过好今天。

毋庸置疑，不管是平庸的人生也好，还是非同凡响的人生也好，都是由无数个今天组成的。我们唯有把握好每一个今天，才算掌握了人生。可以说，伟大的人生就是由每一个充实的今天组成的，我们要想人生与众不同，就要过好今天。明智的朋友都知道，只有把每一个今天都当成人生中独立的一天，我们才能从过去的成功或者失败中走出来，把今天当成人生新的起点。唯有把每一个今天当成人生中独立的一天，我们才能不为憧憬未来而浪费当下的宝贵时间，从而用今天的努力奠定美好明日的基础。珍惜今天吧，在昨天、今天和明天中，今天才是决定我们拥有怎样人生的关键！

每次，只需要做好一件事情

很多人都觉得成功遥不可及，因而把成功看得非常重，也不知道到底要付出怎样的努力才能获得成功。实际上，成功并非我们想象得那么艰难，很多人之所以总是与失败结缘，就是因为他们做事情三心二意，根本无法集中精力做好哪怕一件小事。然而，做每一件事情，都是需要我们全心全意的。常言道，民以食为天，所以吃饭是每个人每天都要至少重复三次的事情，做饭也成为日常生活中必不可少的琐碎。细心的朋友会发现，如果做饭不用心，那么做出来的饭一定没有好味道。同样的道理，尽管吃饭比做饭更加简单，但是如果吃饭不用心，那么也品尝不出食物的真味。甚至在下楼梯的时候，我们也必须专心一意。一旦走神，就很有可能一步迈两个楼梯，不小心摔跤。相信有很多人都曾经因为下楼梯不够专心，以致轻则崴脚，重则摔下楼梯，鼻青脸肿。

曾经有人问常胜将军拿破仑如何才能在每个战场上都取得胜利，拿破仑传授的经验简单朴实，那就是把最大的优势和所有的兵力都集中到一个点上，然后对敌人各个击破。放在人生之中，这岂不就是要集中精力攻克人生的难关么！从拿破仑传授的经验中，我们不难看出，要想成功，秘诀就在于每次只做好一件事情。

关于专心一意这件事情，相信女人和男人有不同的体验。女人似乎天生就擅长"三心二意"，她们可以一边看电视，一边织毛衣，同时还可以和人聊天。对于男人而言，这一点却基本不可能做到，因为他们在每一个时间段里只能做好一件事，或者专心致志地看电视，或者瞪大眼睛打毛衣，或者全神贯注和人聊天。难道正是因为如此，男人才更容易把一件事情做得出彩吗？其实每个人都可以做到专心致志地做好一件事情，只要认识到这么做的重要性和必要性，相信有很多人都能做到。

不管在什么情况下，集中注意力去把一件简单的事情做到最好、做到极致，就能获得成功。古今中外，大凡成功的人都有相似的特点，即他们做事情非常专注，而且极富韧性。他们不达目的誓不罢休，而且不管做什么事情都坚决果断，有着极强的钻研力。如今，很多父母在培养和教育孩子的时候，也会重点培养孩子的专注力。只有专注于一件事情，才能有效提升效率，才能达到事半功倍的效果。

对于每个人而言，最糟糕的情况不是有很多事情等待处理，而是做起事情来毫无头绪。当人们就像没头苍蝇一样在各种文件和信件的海洋中漫无目的地遨游时，不难想象，他们的眼前将永远存着堆积如山的工作。相反，假如他们能够分清楚事情的主次轻重，并把各项等待完成的工作按照先后顺序排列，那么他们一定能够秩序井然地快速完成所有的工作。这就是一次只做好一件事情的魔力。

对于任何人而言，时间和精力都不是无限的，更不可能取之不尽、用之不竭。我们与其费力地试图在同一时间内完成好几件事情，还不如把这些事情排好顺序，一次只做一件。哪怕我们花费很长时间只做好了一件事情，也是值得的，因为这已经是高效率、有条理的工作了。任何时候，面对烦琐的生活和工作，都不要觉得毫无头绪，实际上头绪只在我们的心里，当我们的心变得秩序井然、条理清晰时，我们就能把生活和工作处理得头头是道。只要我们循序渐进，就能走出和改变困境，最终获得成功。

每天都比昨天进步一些

什么是成功？从本质上来说，成功就是重复做那些简单的事情，并且做好。简而言之，就是简单的事情重复做，并且每天都比昨天进步一些。古人云，不积跬步，无以至千里。只要我们坚持每天都有一点点进步，日久天长，我们必然取得更大的进步。同时，每天都比昨天进步一些，比较的对象是今天的我们和昨天的我们。这就告诉我们，在人生路上要自己和自己比较，而不要盲目和别人比较。因为，和别人比较，我们很容易陷入虚荣心的陷阱，并且使自己心理失衡，变得非常被动；而和自己比较，每天都见证自己点点滴滴的进步，这样的我们对于人生才更有信心，并且能够鼓起勇气不断向前。

在科学界，很多人都知道量变引起质变的道理。这个道理告诉我们，任何质变都不是突然发生的，而是在量的积累下，循序渐进，最终才引起质变的。人生的成长和进步同样遵循这个规律，即每天进步一点点，哪怕只是比昨天的自己进步一小步，只要假以时日，就会进步一大步。

大学期间，张薇学习的是热门的英语专业。但是敏感的她意识到未来社会的发展态势，中国绝不会只与说英语的国家进行贸易，肯定也会有机会和其他国家合作。为此，在选择第二语种的时候，她选择了韩语。很多人都不理解：为何张薇学习韩语，而不是学习法语或者德语呢？毕竟法语或者德语是更热门的。但是张薇心中有数，因而对于他人的否定只是笑一笑，并不作反驳。

大学毕业后，学习英语的人实在太多，所以张薇的第一外语英语并不很受欢迎。找工作时，她偶然看到有家公司招聘懂韩语的人，因而赶紧去应聘。结果，张薇得到了一份很好的工作，还经常有机会去韩国出差，除了为自己购物，她也给亲戚朋友带回来各种各样的化妆品。当然，张薇没有因此而沾沾自喜，而是开始每天坚持学习商务韩语。她很清楚，就业形势越来越严峻，凭着在学校里学到的这点韩语，她无法坚持走得很远。果不其然，一年多过去，公司突然被韩国公司合并，老总上任第一天就在内部招聘懂商务韩语的人，以便加强与韩国总公司的合作。毫无疑问，每天进步一点点的张薇，一下子大显身手，她流利的商务韩语，简直让同事们都震惊了。所以，对于张薇成为驻韩国主办，大家全都心服口服，没有任何人提出异议。

原本，张薇只是把韩语作为自己的第二外语，进行了简单学习。没想到，所谓的热门英语未必能一直热下去，而所谓的冷门外语在适当的情况下也会转化，成为抢手的外语。正是在这样的情况下，张薇如愿以偿地找到心仪的工作。当然，她并没有为此满足，而是开始学习商务韩语。随着每天一点点地进步，张薇对商务韩语越来越熟悉，最终在公司需要的时候一马当先，理所当然地得到升职加薪，个人职业生涯也取得了质的飞跃。

其实，每天比昨天进步一点点，对于每个人而言都不是太难以实现的要求。毕竟我们比较的对象是昨天的自己，而不是什么过于优秀的人。这样小小的进步，是我们稍作努力就能实现的；又因为只有小小的压力，所以使我们很愿意实现。在漫长的人生旅途中，每天进步一点点，今天比昨天进步一点点，我们便能渐渐接近人生的目标，在踏实走好人生每一步的基础上，最终走出圆满的人生轨迹。

每天进步一点点，既不是好高骛远的梦想，也不是不可实现的未来，而是我们尽在把握的现在。只要愿意，我们完全可以做到每天进步一点点，这种一切尽在把握之中的感觉，会使我们对于人生有更多的可控性，只要我们坚持不懈，每天都完成进步的目标，成功也就指日可待了。实际上，我们羡慕的成功者未必比我们更聪明，只是因为他们一向坚持每天进步一点点，每天都比别人多进步一点点。

明天总是遥遥无期

"明日复明日，明日何其多。我生待明日，万事成蹉跎。"相信这首《明日歌》很多人都耳熟能详，《明日歌》中蕴含的道理，人们也都铭记于心。然而现实生活中，真正能够遵循《明日歌》的教诲，珍惜时间，活在当下，把握手中机会的人，却少之又少。大多数人在慵懒懈怠的生活中，依然把一切希望都寄托于明日，就像寒号鸟一样，在沮丧懊悔之中，依然说着"急什么，等明天吧"。殊不知，人生如同白驹过隙，宝贵的青春时光转瞬即逝。如果我们总是不停地等待明天的到来，那么我们的人生就会在等待中蹉跎，因为明天永远遥遥无期，无法变成能够抓住的现在。

尽管明天只是今天的后一天，但是明天距离今天却非常遥远，甚至遥遥无期。任何时候，都不要相信有明天，一则，明天一旦到来，就会变成我们不想面对的今天；二则，永远活在明天的人，是抓不住今天的。所以大多数拖延症患者总是一事无成，他们的人生都在永远不会到来的明天之中蹉跎了。从这个意义上来说，哪怕说拖延是生命的黑洞也不为过。

人生中的每一天，都应该成为独立的一天。每个人都只能活在人生的今天。不要因为昨天发生的一切懊丧，更不要因为明天有可能发生的事情焦灼不安。毕竟昨天发生的一切已经成为不可更改的历史，明天到底以怎样的面目呈现其实取决于我们今日的努力，而今天我们还要面对很多无法逃避的事情。唯有勇敢坚定，把握好今天，我们才算是把握住了人生。

人都是有惰性的，惰性是人的本性，这原本无可厚非。然而，理智却告诉我们，一定要克服拖延症，拒绝懒惰的诱惑。人生短暂，宝贵的时光转瞬即逝，我们根本没有那么多青春年华去浪费。大多数人在懒惰的时候就会任由自己一动也不动，什么也不做。要想战胜惰性，最重要的就是马上去做，哪怕一分一秒也绝不拖延。拖延的危害性远远超出我们的想象，它不仅使我们的行动延误，还会扼杀我们的积极性。一个总是拖延的人，最终会失去开始的勇气，并对自己信心全无。很多人都觉得，从今天拖延到明天，无非就是晚了一天，甚至只是晚了一个晚上而已。其实不然。生命就是由无数个一天组成的，假如我们一天一天地晚下去，就再也赶不上生命的末班车了。

很多人患了严重的拖延症而不自知，实际上，把很多事情都留到明天去做，今天却无所事事，就是拖延症的典型表现。很多人即便拖延了事情，也无法做到快乐地享受当下的轻松愉悦；他们感受到深深的挫败感，甚至觉得自己一事无成，以致怀疑自己，极度自卑，最终自信心全无。而当我们按照原定计划完成一些事情，尤其是结果还很圆满的时候，我们心中的喜悦甚至无以言表。每当这时，我们会变得充满活力，非常自信，因为我们战胜了内心的懒惰，实现了生命中今天的目标。今日事，今日毕，是个非常好的习惯，不但让我们拥有成就感，而且让我们的内心非常充实安乐。

在漫长的人生之中，几乎每个人对于自己的未来都有憧憬，甚至还有详细周密的计划。成功者与失败者之间的区别就在于，成功者总是能够根据自己的计划按部就班地走好人生的每一步，从不因为自身的懒惰和拖延而掉队；而失败者总是无志者常立志，一次又一次制订计划，坚持不了几次便打破自己的计划，最终导致计划变成一纸文书，毫无约束力可言。当计划无数次落空的时候，哪怕这种打击来自我们自身，我们也难免会沮丧失望，严重的还会破罐破摔，可见拖延症和懒惰症的后果有多么严重。

过分拖延，还会使人渐渐失去创造力。很多从事创作的朋友们都知道，灵感总是不期而至，有的时候在我们清晨还没有睡醒的梦中到来；有的时候在我们深夜即将入睡的时刻到来；有的时候在我们正想大快朵颐的时候到来；有的时候在我们与友人相谈甚欢的时候到来。对于搞创作的人而言，一旦灵感到来，就要马上从各种事情中抽身出来，把灵感记录下来。但是，有些"懒癌晚期患者"，哪怕面对可遇而不可求的灵感，也不愿意马上行动起来。等到他们终于想要记下来之不易的灵感时，灵感早就已经悄悄地溜走了。

不要总是认为生命中还有无数个明天没有到来，任何时候，明天都在遥远的未来，而我们唯一能够抓住的就是今天。对于生命而言，今天也是我们唯一的起点和终点。当我们把今天当成独立的一天，当我们竭尽全力过好每一个今天时，我们的人生也就随之变得充实、有意义，我们距离真正的成功也就越来越近。

战胜懒惰，让人生满血复活

人的本性就是趋利避害，这使得每个人都愿意享受安逸的生活，而不愿意辛苦地奔波。这是人的本性使然，原本无可厚非；然而，尽管懒惰是天生地存在，却不能得到认可和赞美。因为懒惰的人生是堕落的人生，懒惰的人甚至会最终走向毁灭。懒惰就像人生的毒瘤，具有高强度的腐蚀性，并会不断地传染。人一旦受到懒惰的侵袭，就会变得拖延，导致人生在明日复明日中无可挽回地蹉跎。如果一个人养成懒惰的习惯，那么他的生活就会了无生机，甚至加速走向生命的坟墓。

在很多影视剧中，不管是在农村还是在城市，我们总会看到一些游手好闲、无所事事的角色。他们不管走到哪里都遭人嘲笑，被人看不起。究其原因，并非是因为他们能力不足，也不是因为他们长得丑陋，而是因为他们过于懒惰。有人说懒惰是个人问题，别人无可指摘。其实不然。如果一个人过于懒惰，无法凭借自己的双手努力养活自己，那么在生活的重重压力下，他一定会剑走偏锋，以致人生轨迹出现偏差。例如，一些小混混就是因为懒惰，无法养活自己，所以总是不劳而获，靠着别人的救济生活，以致越来越懒，而且好吃懒做；为了满足自己的口腹之欲，他们不惜去偷去抢，最终酿成恶果。

毋庸置疑，既然懒惰是人的本性之一，那么就是很难战胜的。然而人是情感的动物，也是理智的动物，只要让理智占据上风，意识到必须依靠自己的双手劳动才能活着，调动起人的能动性，人生就会满血复活。那么，如何才能戒掉懒惰呢？常言道，笨鸟先飞，业精于勤而荒于嬉，都是在告诉我们勤能补拙。唯有勤勤恳恳地生活和工作，我们才能凭借双手改变命运。其实，很多人的懒惰并非天生的，而是因为他们在长期依赖他人的过程中养成了懒惰的习惯。如果一个人懒惰，那么他的人生必然常戚戚；如果一个民族懒惰，那么这个民族就命运堪忧。总而言之，不管是对个人还是对于家庭乃至对于国家而言，勤劳才是美德，懒惰则是遭人唾弃的坏习惯，甚至是不可救药的恶劣品质。

亚克力原本是个非常懒惰的女人。她从结婚之后就再也没有工作过，一直依靠丈夫养活她。丈夫同时也肩负着养家糊口的重要任务，压力很大。在一次意外的事故中，丈夫去世了，亚克力突然失去了顶梁柱，家庭的重担突然之间全都压到她的肩膀上，她简直觉得生活无望，就要崩溃了。尤其是她还有两个孩子需要抚养，这更是雪上加霜，使她无力承担。

然而，人们总是比自己想象得更加坚强勇敢。最初，她只想走一步看一步，先养活两个孩子，因此她不得不去工厂做工。长时间没有劳动过的她，一开始累得晚上回到家里浑身都像散了架一样，头只要一沾枕头就睡着了。随着做工的时间越来越长，她渐渐习惯了这样的劳动强度，晚上回家也没有那么累了，居然还能抽出时间帮有钱人家洗衣服，贴补家用。每天晚上，等孩子们都睡着了，她更是争分夺秒地做家务，把家里收拾得干净整洁，还把第二天要做早餐的食材提前准备好。经过漫长的时间之后，亚克力居然适应了这样忙碌的生活节奏，即使一个人养育两个孩子，她也能把所有都做得井井有条。

后来，亚克力在工厂做得时间长了，也认识了一些人，最终开起了家庭作坊，组织周围邻居中那些闲来无事的家庭妇女跟着她一起劳动。就这样，她的生意越做越大，也越做越好。几年后，她成立了属于自己的公司，不但有了自己的事业，也给孩子创造了更好的生活条件。

人的惰性很可怕，甚至会使肢体健全的人误以为自己完全丧失了劳动能力。实际上，这只是一种假象，很多老人六七十岁了依然在劳动，更何况是年轻人呢！在生活艰难的情况下，人被逼到绝路，这才发现自己原来比想象中的更强大。事例中的亚克力原本是个衣食无忧的家庭主妇，在丈夫的照顾下过着安逸的生活。但是人有旦夕祸福，丈夫的突然去世让她措手不及，也逼得她不得不肩负起养育孩子和照顾家庭的重任。出乎她的预料，在经过艰难的适应过程后，她熬过来了，而且最终获得了成功，拥有了属于自己的公司。在此之前，这简直是亚克力连想也不敢想的，如今却变成了现实。这就是勤奋和坚持的神奇魔力。

对于每一个人而言，享受劳动成果的时刻都是使人愉悦的。然而，懒惰的人往往不愿意付出努力，为此，他们几乎不可能成功，而注定了是失败者。只有勤奋刻苦、坚持努力的人，才能得到命运的青睐，距离成功越来越近。朋友们，从现在开始，不要再抱怨命运不公，更不要整日郁郁寡欢，与其把宝贵的时间用来动嘴发脾气，我们不如从当下这一刻开始行动起来，真正迈出通往成功的第一步。

成功，也许比你想象的更容易

虽然辩证唯物主义观点告诉我们，并非每一件事情都取决于我们的心意，而是取决于各种各样的条件，就连古人也说唯有天时地利人和才能成事，但是我们也要想到，人生之中的很多事情，唯有心动、行动，想到、做到，才能最终从想象中的图景变为现实。很多事情都不取决于我们的心意，但是大多数成功都源于一个坚定不移的信念。所有的成功在最初的时候，都是一个模糊的雏形，存在于人们的想象之中。有的人当机立断、脚踏实地地去做了，有的人却永远都只局限于想一想，而被那些想象中的困难吓倒，最终选择了放弃。实际上，成功真的没有那么难，甚至比我们想象中容易得多，最重要的是我们要切实去做，这样才能试出成功的水是深还是浅。

1965 年的某一天，一位在英国剑桥大学留学的韩国学生和往常一样在学校的咖啡厅喝下午茶。他在剑桥大学心理系学习，因而对于观察人很感兴趣，所以他把在学校的咖啡厅喝下午茶当成一种习惯，因为在这里他总是能够见到很多有成就的人聚集在一起交谈。

这些人的成就都不可小觑，他们之中有的人已经获得诺贝尔奖，有的人在某些领域作出了杰出的贡献。最重要的是他们还很风趣幽默、信心十足，他们都觉得自己理应获得成功。在他们口中，韩国学生发现成功被说得轻描淡写，就像喝杯咖啡或者散一次步那么简单。起初，韩国学生以为他们故意举重若轻，后来才发现他们说得很有道理，而且言之凿凿，他这才意识到自己曾经很长时间都被那些所谓的成功人士欺骗了。因为，成功真的不像那些成功人士说得那么难，而是在某些条件下，的确可以如同这些有成就的人说得一样那么简单和容易得到。为此，韩国学生决定深入研究韩国那些成功人士的心态，并且于 1970 年完成了自己的毕业论文——《成功并不像你想象的那么难》。威尔·布雷登教授——现代经济心理学创始人在读到这篇文章后欣喜若狂，觉得这是一个伟大的发现。虽然这种现象在生活中屡见不鲜，但是这位学生是第一个正式提出这种现象，并且对其加以深入研究的人。为此，他对这篇文章大加赞赏，并且将其推荐给韩国政坛的首脑人物——朴正熙。后来，这本书在韩国影响深远，鼓舞了无数韩国人。后来，这位了不起的韩国学生成为韩国泛业汽车公司的总裁，如愿以偿地拥有了成功的人生。

　　自古以来，我们的确总是理所当然地把成功想象得很难，似乎"难"就是成功的本质及唯一的特点；一切轻易得来的成功都只能称为幸运，而不能将其作为真正的成功看待。实际上，成功的道路并非只有一条，成功的方式也绝非只有一种。正所谓条条大路通罗马，也别管是黑猫还是白猫，只要能抓住老鼠的都是好猫。所以，只要是能帮助我们实现成功的方法，就都是好方法，只要不违背法律和道德，就都是值得推崇、借鉴和学习的。

　　朋友们，再也不要被教条主义蒙蔽双眼，成功将会以各种各样的面目出现在我们的生活中，我们唯有火眼金睛识别成功，才能在第一时间准确无误地抓住成功的机会，获得成功。

参考文献

[1] 邢群麟，柳絮恒 . 感谢折磨你的人大全集 [M]. 北京：中国华侨出版社，2010.

[2] 郑一 . 感谢折磨你的人：自己是最大的敌人 [M]. 北京：中国纺织出版社，2017.

[3] 德群，胡宝林 . 感谢折磨你的人大全集 [M]. 北京：中国华侨出版社，2011.